개와 고양이의 행동학

기초에서 임상까지

[글] 미나미 요시코·키쿠수이 타케후미
[일러스트] 모리 유지

개와 고양이의 행동학

기초에서 임상까지

문창종·강소희·김성호·김승준·신태균 역

전남대학교출판부

최근 우리나라의 반려동물 사육가구가 17.9 %를 차지하고 있다(농림수산검역검사본부, 2012). 과거에는 방범의 목적으로 동물을 길렀으나, 독신가구가 증가하면서 가족의 일원으로서 반려동물을 기르기 시작하는 가구가 늘고 있다. 이렇듯 반려동물을 가족의 일원으로 생각해 함께 살고 있으나, 말을 할 수 없는 동물과 의사소통이 원만하지 않아 동물의 문제행동에 심리적 마찰을 빚고 있는 사례가 늘고 있다. 최근에 일본에서는 신체적 질병의 진료뿐만 아니라 심리적인 문제와 행동교정까지 함께 진료하고 있는 동물병원이 늘어가고 있으며, 우리나라도 이런 행동치료를 하는 동물병원이 절실한 실정이다.

현재 한국 수의학 교육에서 반려동물의 행동분석 및 치료를 위한 교과서가 매우 적으며, 이런 지식을 설명하는 교과서가 절실히 필요한 실정이다. 국내의 수의학 교육에서 올바른 진료 수의사 양성을 위해 반려동물(특히, 개와 고양이)의 문제행동을 이해하고, 치료하는 수의학 교육과정이 반드시 필요하며, 그 교육을 위한 심도 있는 교육지침서가 필요하다.

이 책에서는 반려동물 중 제일 접하기 쉬운 개와 고양이를 중심으로 하여, 동물행동학의 교육내용을 **행동학의 역사**, 가축화, 뇌와 행동, 신경전달물질과 행동 등을 다룬 **동물행동학의 기초**와 태생기부터 고령기까지의 행동을 다룬 **발달행동학**, 청각, 시각, 후각의 정보교환을 다룬 **커뮤니케이션 행동학**, 암컷, 수컷의 행동과 공격, 친화, 불안, 공포 등을 다룬 **사회행동** 등을 체계적으로 나누어 다루고 있다. 또, 배설, 짖음, 이식, 과도한 활동, 학습기능장애 등으로 대표되는 **문제행동**의 종류나 치료방법 그리고 사전예방 하는데 필요한 지식을 해설하였다. 또한, 부록에는 주인에게도 알려주고 싶은 간단한 행동교정이나 훈련에 도움이 되는 매뉴얼들과 수의사가 임상현장에서 바로 활용할 수 있는 문진표를 첨부하였다.

동물의 문제행동의 원인이 나 때문인지, 다른 원인에 의한 것인지를 알고 해결하기 위해서 동물의 행동패턴을 알아야 할 필요가 있다. 문제행동을 교정하기 위해서 동물의 문제행동을 관찰하고 문제행동의 계기가 되는 원인을 제거하며 필요한 경우에는 약물치료를 병행해야 한다. 이 과정은 동물행동학, 신경과학, 수의내과학 등 기초부터 임상을 아우르는 수의학 과목과 접목되어 있기 때문에, 이 책은 수의학과 교육과정의 학생뿐만 아니라 임상수의사에게도 많은 도움을 줄 수 있는 서적이 될 수 있다.

더욱이, 개와 고양이는 반려동물로서 가장 많이 접할 수 있는 동물이기에 개와 고양이의 행동학은 교육 접근성이 매우 쉬우며, 이 책에서는 특히 일러스트와 함께 설명을 하고 있기 때문에 이해가 쉬워 일반인도 참고할 수 있는 이점이 있다. 또한, 이 책의 부록에 수록되어 있는 개와 고양이의 행동치료 질문표는 동물병원 진료 시에 매우 유용하게 쓰일 수 있으리라 생각된다.

대표역자 문창종

제1장 동물행동학의 기초

제2장 발달행동학

제3장 커뮤니케이션

제4장 사회행동

제5장 유지행동

제6장 학습이론

제11장 그 밖의 문제행동

제12장 문제행동의 예방

제1장

동물행동학의 기초

이 장에서는 동물행동학에 관한 연구의 역사와 현재까지의 흐름을 소개한다.

1

동물행동학의 기초

머리말

로렌츠에 의해 확립된 동물행동학(Ethology)은 동물의 행동을 연구하는 생물학의 한 분야로, 동물의 행동을 비교동물학적으로 분석하는 것이다. 가축화를 포함한 진화의 과정, 뇌 내 메커니즘, 발달적 변화 등이 어떻게 개체의 행동에 영향을 미치는지의 지식은 동물의 문제행동 배경(왜 그렇게 행동하는 것일까?)을 해석하는 매우 중요한 열쇠가 된다. 따라서 이 장에서는 동물행동학의 기초에 대해 기술하고자 한다.

행동학의 역사

행동학이라는 것은 어떤 동물의 자연조건하에서 자발적으로 일어나는 행동을 하나하나 관찰하고, 그 기능, 적응도 및 진화적 의의 등을 밝혀주는 학문이다. 이 학문의 기초가 된 것은 유명한 찰스 다윈(Charles R. Darwin)의 '진화론'이다. 그는 1859년에 '종의 기원'을 시작으로 여러 저서를 남겼다. 그 후 1940년대에 콘라트 로렌츠(Konrad Zacharias Lorenz), 니콜라스 틴버겐(Nikolaas Tinbergen), 카를 폰프리슈(Karl Ritter von Frisch) 3명이 동물행동학의 영역을 더욱 발전시켰으며 그 공적으로 1973년에 노벨의학상을 수상하게 되었다(BOX 1-1 참조).

이렇게 동물행동학이 학술영역으로서 세간에 인식되면서 과학자들의 연구대상은 가축동물의 응용행동학으로도 확대되었다. 특히 유럽국가에서는 동물복지라는 관점에서 행동학이

눈부시게 발전하고 있다. 현재 동물행동학의 연구는 반려동물에까지 응용되고 있다. 연구자들은 가축동물의 선조인 야생동물의 생태, 종의 특징적인 행동을 명확히 밝혀내고 인공적인 교배의 과정에 따른 행동의 변이 등 이 모든 것을 연구하여 동물복지적인 사육을 시행하고 문제행동치료에 이용할 수 있게 하고 있다.

행동학의 연구

원래 행동학의 연구는 어떤 동물이 진화되어온 자연적 환경 하에서 행동을 관찰, 기록하는 것부터 시작한다. 또한 동물의 외부환경으로부터의 자극 또는 체내환경의 변화에 따라 그들의 행동이 어떻게 될지를 기록하는 것이다(그림 1.1). 자연 속에서의 행동이 상세하게 기록되어야, 외부환경으로부터의 자극 및 체내변화에 의해 생긴 행동표현형식의 변화와 행동표현의 빈도변화를 정확하게 알 수 있다. 또한 한 개체의 발달에 동반된 행동변화와 근접동물 종에 있어서도 같은 양식의 행동을 관찰하는 것으로 비교행동학적 관점으로 진화의 과정을 밝혀내는 시도도 가능하다. 동물행동학의 연구에 대해서는 1963년에 니콜라스 틴버겐이 정리한 다음의 4가지의 입장(그림 1.2)의 연구가 현재까지도 주축이 되고 있다.

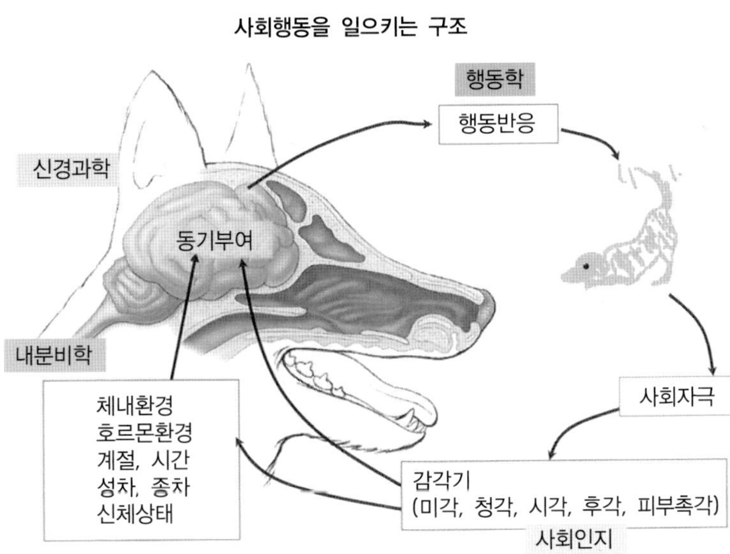

그림 1.1 개와 고양이에서는 외부 자극을 다양한 감각기를 통해 정보를 처리하고 중추로 전달한다. 처리된 정보는 내분비나 자율신경 등의 체내환경과 합쳐져 최종적으로 운동 및 감정의 동기부여로 나타난다. 이 중추신경계의 변화와 그 구조를 조사하는 학문이 뇌신경과학이다. 최종적으로 행동으로 나타낸 것은 외부로 나타나는 행동반응으로 측정이 가능하다. 이렇게 개체의 행동은 외부와의 밀접한 정보교환을 가지고 형성된다.

(1) **행동의 지근요인**: 행동의 메커니즘은 무엇인가? 어떻게 유발되고 제어되는 걸까?

(2) **행동의 발달**: 성장발달과 노화를 거치며 그 행동에는 어떤 변화가 보이는 걸까?

(3) **행동의 궁극요인**: 그 행동의 적응적 의의는 무엇인가?

(4) **행동의 진화**: 그 행동의 계통적 발생은 어떻게 되어 있는 걸까?

동물은 각각의 종 특이적인 행동양식을 발달시켜 왔고, 그 대부분은 유전자를 통해 다음 세대로 전달된다. 한편 행동을 지배하는 뇌내에는 방대한 가소성이 존재하고, 경험에 따른 변화, 즉 '학습'이 행동형식을 크게 변화시킬 수 있게 한다. 이렇듯 행동의 표현에는 유전적 요소와 환경으로부터의 학습요소 모두 중요하다. 하나의 문제행동을 밝혀내는 것을 목적으로 한 경우, 그 동물이 갖는 본래의 행동패턴(야생상태의 이 행동은 무엇을 위해 하는 것일까?)과 학습에 따른 변화(어떤 경험에서 이 행동은 변화한 것일까?)의 양면성으로부터의 이해를 필요로 한다. 결국 문제행동치료의 기초는 행동학에 있다고 해도 과언이 아니다.

그림 1.2 행동연구의 4가지 주요항목

BOX 1-1 행동학의 초석: 3인의 연구자

콘라트 로렌츠 (Konrad Zacharias Lorenz)

오스트리아 빈 대학에서 의학, 철학, 동물학을 공부하였다. 막스플랭크 행동생리학 연구소 소장을 역임하였고. 1973년에 니콜라스 팀버겐, 카를 폰프리슈와 함께 노벨의 학생리학상을 수상하였다. '비교행동학(Comparative Ethology)' 의 창시자이며, 동물 종의 고유의 행동형에 대한 형성메커니즘을 연구하였고, 임프린팅(각인)의 개념을 주장하였다. 신 본능주의라고도 불리는 그의 사고는 발달심리학에 유아기의 모자관계성립의 메커니즘 해명에 기여하였다. 특히 갈까마귀와 회색기러기의 관찰연구가 유명하다. 또한 그의 저서인 '사람, 개를 만나다' 는 개의 종 특이적인 행동을 상세하게 기술하였고, 자신들이 키웠던 개의 에피소드를 소개한 것으로 행동을 공부하는 사람이 꼭 봐야할 책이 되었다.

니콜라스 틴버겐 (Nikolaas Tinbergen)

네덜란드의 동물행동학자이며, 라이덴대학 교수로 역임하다가 옥스퍼드대학 교수로 이동했다. 큰가시고기의 구애행동, 양육행동과 갈매기의 연구로 알려지게 되었고, 1973년에 노벨의학생리학상을 수상하였다. 콘라트 로렌츠와 같이 '비교행동학' 으로 유전자에 의해 사전에 짜여진 생득적 행동의 연구에 몰두하였다. 틴버겐은 태어나면서 갖추어진 행동의 발현기구와 그 외부자극의 연관성을 보여주었고, 이것을 생득적 촉발기구(Innate releasing mechanism)이라고 불렀다.

카를 폰프리슈 (Karl Ritter von Frisch)

오스트리아의 동물행동학자로 뮌헨대학 동물학 교수를 역임하였고, 1973년 로렌츠, 팀버겐과 함께 노벨의학생리학상을 수상하였다. 그는 주로 꿀벌의 행동생태학을 연구하였는데, 꿀벌의 의사소통수단으로 8자 모양의 춤과 자외선에 예민한 감각을 지니고 있어 그것을 향해 이동하는 '주성' 을 발견했다.

최근 행동신경과학의 현저한 발전에 따라 행동의 발현메커니즘이 DNA 수준으로부터 후성유전학(Epigenetics)을 통해 최종적으로 어떻게 형성되는지가 밝혀지게 되었다. 또한 어떤 행동을 하게 하는 유전자 자체는 크게 종차가 없음이 밝혀지게 되었고, 동물의 진화과정에 유전자 자체는 보존되어 있으나 발현조절에 관여하는 제어영역에서 종차가 존재하는 것으로 생각되고 있다. 결국 문제행동의 발현제어 메커니즘도 분자수준에서 밝혀지게 될 것이다.

개와 고양이의 가축화

모든 동물의 가축화는 표 1.1의 단계를 거쳐 일어나는 것으로 알려져 있다.

표 1.1 가축화의 과정

(1) 자유행동 하에서 번식하는 동물과 사람과의 원만한 접촉
(2) 인위적인 환경에두고 사육개시. 번식은 사육하의 동물 간에 의존
(3) 어떤 특징을 키우기 위한계획적인 선택교배. 가끔 야생종과의 교잡
(4) 원하는 특성을 지닌 계통을 계획적으로 교배, 정착, 증가시킴
(5) 야생종의 추방, 박멸

개(Canis familiaris)의 가축화

마이아시스(Miacis)가 개, 곰, 너구리, 늑대, 족제비 등의 공통된 조상이고, 개의 선조는 토마크터스(Tomarctus)로 여겨진다(그림 1.3).

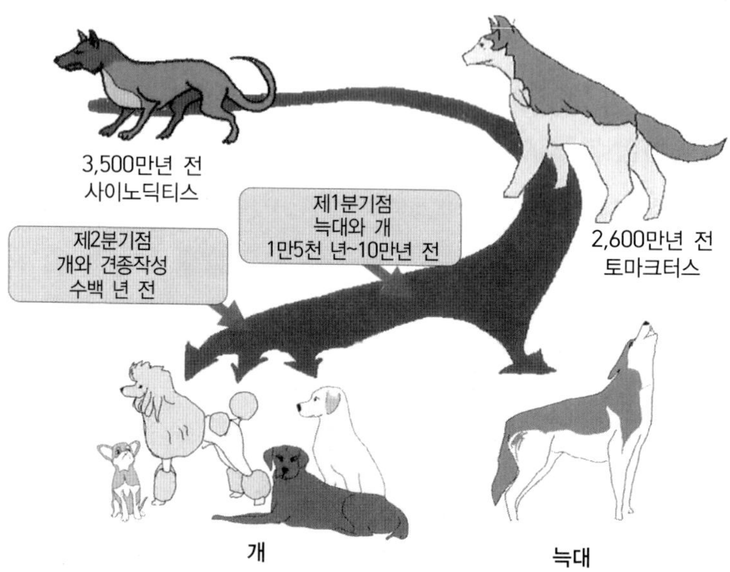

그림 1.3 개의 진화과정. 3,500만년 전에 '사이노딕티스'라 불리는 육식동물의 조상이 나타나고, 2600만년 전에 개과의 조상인 토마크터스로 진화된다. 그 후 1만5천년에서 10만년 전 사이에 제1분기점이 되어 개와 늑대가 따로 진화하게 되었다. 이 시점에서 개와 사람이 같이 생활하게 되었으며, 가축화가 진행되었다. 지금으로부터 수백 년 사이에 사람은 400종이 넘는 여러 가지 종의 개를 만들었다.

미토콘드리아 DNA[1]를 조사한 연구에 따르면, 개의 직접적인 조상은 약 1만5천년 이전에 동아시아에서 서식했던 늑대(이리)(Canis lupus)이고, 이들로부터 전 세계로 뻗어나갔다는 것이 밝혀졌다. 즉, 알래스카와 남아메리카의 재래견종은 베링해를 건너 여러 지역에 이동한 개의 선조라 할 수 있다(그림 1.4).

언제부터 개와 사람이 같이 생활하였는지에 대해서는 지금도 명확한 결론을 내릴 수 없다. 일반적으로 수렵의 조수, 주거 주변의 청소부, 털로 따뜻하게 해주는 친구, 위험한 야생동물의 접근을 알려주는 방범견, 어린이의 놀이상대로 사람은 늑대를 가축화하여 '개'라는 동물을 만들었다고 하지만, 현재 그 이론은 의문시 되고 있다. 즉 개는 사람과 공생을 시작했을 때 이미 늑대와 분리 독립된 존재가 되었고, 늑대를 가축화하여 개를 만들지 않았다는 설이 강하다. 결국 그 후에 사람의 생활에 필요한 체격, 신체적 능력, 외모 등을

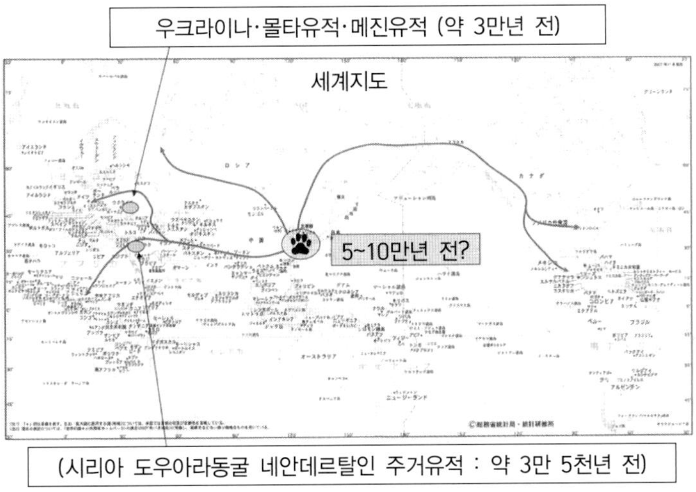

그림 1.4 개의 탄생은 5~10만년 전의 동아시아에서 사람의 이동과 함께 세계로 뻗어나갔다. 가장 오래된 개의 뼈는 시리아 도우아라동굴에 있는 네안데르탈인의 주거유적(약 3만 5천년 전)에서 발굴된 것으로 소형늑대에 가까운 아래턱뼈가 발견되었다. 그 이외에 우크라이나 몰타유적, 러시아 우랄산맥의 동쪽에 위치하는 아폰도바유적 등에서도 개의 뼈가 발굴되었다.

---

[1] **미토콘드리아 DNA**
세포내 미토콘드리아에 존재하는 DNA. 미토콘드리아에 관련된 단백질 등을 인식하는 유전자정보가 주로 포함되어 있으며, 미토콘드리아가 분열할 때 복제가 일어난다. 미토콘드리아는 난자의 세포질에 많이 존재하고, 정자의 중간부분에도 존재하지만, 수정 후에 정자 유래의 미토콘드리아는 배제된다. 그로 인해 미토콘드리아 DNA는 거의 모성유전이다. 이러한 특성은 가축을 추적하기 위한 연구에 많이 이용되어지고 있다.

표 1.2 늑대와 개의 비교

	늑대 	개 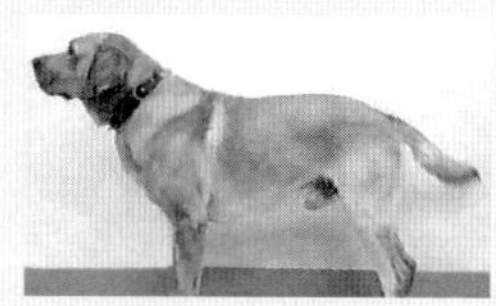
머리 형태	좁고 김	넓고 짧음(견종의 차이 존재)
체중에 따른 머리 크기	100(늑대를 100으로 해서)	80
머리 크기에 따른 뇌의 무게	100	80
체격	일정	견종에 따른 차이 있음
털색	잡색	단색·잡색
털의 질, 량	직모(이중모)·일정	직모/축모(일/이중모)·부정
귀	서있는 귀	서있음·반서 있음·늘어짐
꼬리	늘어진 꼬리	김·형상
치아의 크기	큼	늑대에 비해 작음
액단(스톱)[2]	없음	있음/없음
곁갈고리발톱(dewclaw)	없음	일부 견종에 있음
발정주기(암컷)	년 1회	년 2회(바센지 제외)
발정주기(수컷)	계절	매년
초기발정(암컷)	22개월	생후 제 1년
무리/사회구조	암수별 계급제도	온화함
무리속갈등	의식적	때에 따라 격렬함
경계심	높음	저부터 고
감수성	높음	저부터 고
놀이	성성숙 후는 적음	일생을 통해 많음
활동성	높음(지위에 따라 다름)	견종에 따른 차이 있음
탐색행동	높음(지위에 따라 다름)	견종에 따른 세분화
발성	멀리 짖기·으르렁거림	짖기·멀리 짖기·으르렁거림
머리를 핥는 인사	드물게·보통으로 보임	보통으로 보임·많음
훈련성	낮음	높음

2 이마와 주둥이 사이, 임의로 양쪽 눈 사이를 연결한 부위. 불독과 같이 짧은 안면을 지닌 종에서는 깊이 패여 있으며, 그레이하운드와 같이 긴 안면을 지닌 종에서 덜 발달되어 있다.

고정화하여 품종을 만들어 약 700−800종이 존재한다. 이런 사람과 개의 관계에서 매우 주목해야 하는것은 커뮤니케이션 능력이다. 늑대와 다른 점은 네오터니(Neoteny, 유형성숙)형질을 보이는 것이다. 유형성숙은 동물에서 볼 때 성적으로 완전히 성숙한 개체인데도 비생식기관에 어린개체의 성질이 남아 있는 것을 말한다. 이들의 자세와 행동은 늑대에서 유년기에 특이적으로 보이는 것으로 성숙 후에는 소멸되지만, 개에서는 성숙 후에도 볼 수 있다 (표 1.2).

BOX 1−2 사람과 개의 사회 커뮤니케이션

개의 행동학에 관한 교과서를 보면, 매우 많은 교과서가 개의 행동을 조상인 늑대에 있다고 설명하고 있다. 그러나 과연 그것은 올바른 설명일까? 개는 개이고, 늑대는 늑대가 아닐까? 가까운 종이지만, 같은 종이 아닌 다른 종으로 인식할 필요성이 있다. 이번에는 그 차이를 나타낸 것에 관한 연구를 소개한다. 개와 늑대는 사람과 의사소통을 취하는 방법이 전혀 다르다는 것이 이 연구의 내용이라고 할 수 있다.

개와 사람의 의사소통은 시선을 이용한 것이다. 개의 훈련에 관여하는 사람은 알 수도 있지만, 응시에 의한 탐색의 권고 등은 개에서 쉽게 할 수 있다. 즉 개는 사람의 시선과 손짓에 따라 먹이의 위치를 예상할

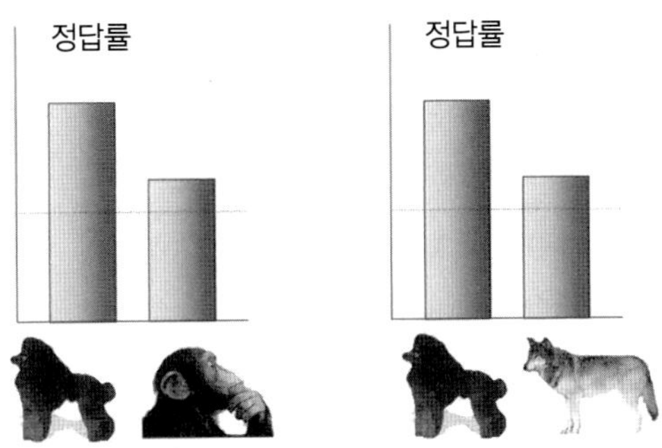

개는 침팬지와 비교해서 사람의 주시에 따라 먹이가 들어있는 상자를 고르는 확률이 높다(좌). 또, 사람에게 길러진 늑대는 이러한 능력을 보이지 않았다(우).

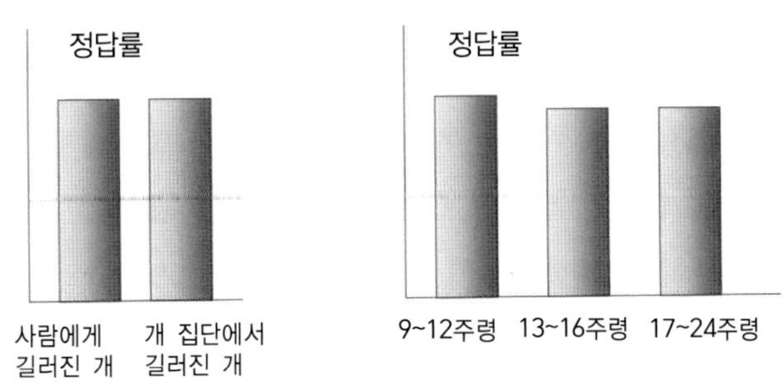

사람에게 길러진 것의 여부와 관계없이 개에서는 그 능력이 확인되었다(좌), 또 주령에 관계없이 과제정답률이 높은 것이 확인되었다(우).

수 있는 것이다(위 그림). 이런 능력은 늑대가 사람에게 사육된다고 해도 몸에 배지 않는다. 그 외에도 예를 들어 개에게 공을 던져 주워오라는 놀이는 모두 알고 있으며, 흔히 할 수 있을 것이다. 이런 놀이 하나를 봐도 개의 숨겨진 사회능력을 알 수 있다. 개는 공을 주워 올 때 주인이 어떤 방향을 가리키는지를 알고 바로 앞에 공을 떨어뜨린다. 또한 사람 2명을 세우고, 한쪽편의 사람의 머리와 눈을 보이지 않게 하여 그 두 사람의 앞에 먹이를 두면 눈과 얼굴이 보이는 사람 앞에서 먹이를 주라고 한다. 더욱이 먹으면 안 된다고 한 먹이가 눈을 감고 있는 사람 앞에 놓여진 경우는 될 수 있으면 가까이 하지 않는 행동도 보여진다. 이런 사람의 시선과 권고를 받으려는 행동은 사람과의 커뮤니케이션에 대한 높은 능력을 보여주는 것이며, 늑대뿐만 아니라 침팬지에서도 볼 수 없다. 독일에서의 연구에 따르면 보더콜리종인 '리코'는 주인으로부터 "(알지 못하는 이름의)장난감을 갖고 와라"라는 명령을 받았을 때 리코에게 제시된 10개의 장난감 중에서 자기가 지금까지 본적이 없는 장난감을 가져왔다. 이는 즉 '알지 못하는 단어를 주인에게 들었기 때문에 알고 있는 것이 아닌 모르는 것을 찾은 것이다' 라고 이해하게 된다(아래 그림).

이렇게 개의 능력은 사람과의 커뮤니케이션에서 특화되어 진화되고 있는 것으로 나타나고 있다. 침팬지 등의 영장류에서는 이런 능력이 없기 때문에 개에서 특화된 사람과의 커뮤니케이션 능력은 사람과 개가 긴 역사속에서 같이 살아왔고 진화되어 온 결과라고 볼 수 있다.

리코. 주인으로부터 모르는 이름의 장난감을 가져오라고 들었을 때, 옆방에 가서 자기가 처음 보는 장난간을 발견해서 그것을 가져오는 것이 가능하다. 즉, 배제계산이 가능한 개라는 것을 알게 되었다. 리코는 최종적으로 200단어 이상을 기억한다고 알려져 있다.

고양이의 가축화

비베라비네즈가 고양이, 하이에나, 사향고양이 등의 공통된 선조이며, 집고양이의 시조는 리비아 들고양이(Felis silvestris libyca)이다.

개와는 달리 고양이의 가축화는 수동적이라는 설이 강하다. 즉, 쥐나 해충을 없애는 고양이가 사람의 집락에 살면서 사람에 대한 관용적인 성질이 나타나며 가축화된 설이다. 약 7000년 전부터 반야생의 고양이가 사람의 집락 주변에서 생활을 시작하게 된다. 고양이는 개에 비해 선택교배의 역사는 얕고, 전 세계에 100종이 존재한다고 한다.

뇌와 행동

뇌를 크게 세 가지 부위로 나눌 수 있다(그림 1.5).

(1) 대뇌 신피질계 : 운동 연합, 감각자극 처리, 윤리, 계획 등의 고차원적인 뇌기능이 존재한다.

(2) 변연계, 시상, 시상하부 : 공격행동, 동기 부여, 불안, 정적 행동, 섭식, 체온 조절 등의 기능을 담당한다.

(3) 뇌간 : 호흡, 순환, 체온, 고통 등의 생명 기능에 필수 기능을 담당한다.

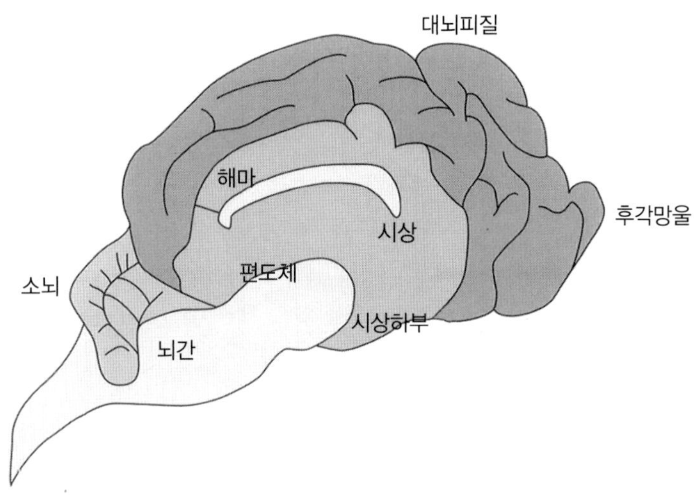

그림 1.5 뇌의 기본적 구조. 가장 오래된 뇌는 뇌간부에 존재하고, 호흡, 아픔, 체온 조절 등을 담당한다. 이곳이 손실되면 생명활동은 정지된다. 뇌간을 크게 둘러싸고 있는 부분에는 정서적 뇌가 형성되어 있고, 분노, 불안, 공격성 등이 이 부위에서 제어된다. 여기까지는 많은 포유류가 공통의 구조를 갖는다. 마지막으로 진화된 대뇌피질은 고차원적인 기능으로, 정보를 통합, 계획, 논리성 등을 담당하며, 영장류, 특히 사람에게서 가장 발달된 부위이다.

여기에서는 대부분 문제행동과의 연관성이 높은 변연계와 시상하부에 대해 설명한다.

변연계와 시상하부: 정동(情動)행동

변연계는

대뇌반구 내측의 피질 조직과 연관하는 피질 하부의 조직(편도체, 해마, 중격부)을 가리킨다.

시상하부는

변연계의 내측하부에 위치하며, 시상의 아래 부분을 가리킨다. 공격행동, 성행동, 섭식행동, 모성행동, 운동 활성 등의 기능이 각 신경핵에 분산되어 존재한다.

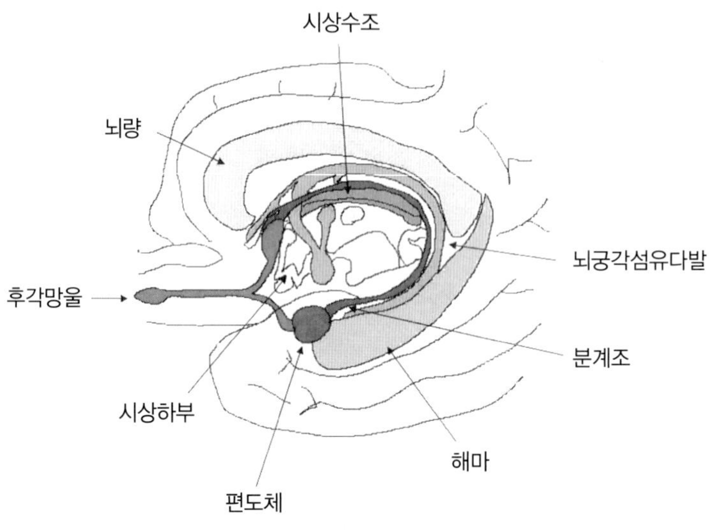

그림 1.6 정서행동에 관련된 뇌부위. 파페즈(J.W Papez)는 정서에 관련되어 있는 부분은 시상 및 시상하부뿐만 아니라는 것을 밝혀내고, 해마-뇌궁-유두체-시상전핵-대상회-해마라는 신경회로(파페즈 회로)에 의해서 야기된다고 했다. 이후, 맥클린(P.D.Maclean)은, 파페즈의 정서회로는 대부분이 대뇌변연계에 존재하고 있기 때문에 정서를 담당하는부위가 대뇌변연계(Limbic system)라고 했다. 맥클린은 대뇌변연계를 링 모양으로 연결하는 회로망이 정서를 만들어 낸다는 것을 알아냈다. 대뇌변연계는 내장활동을 지배하기도 하며, 이것은 내장과 감정의 연결도 설명될 수 있다. 최근, 파페즈의 정서회로가 사실상 기억회로이며, 정서회로는 편도체-분계조, 복측편도체원심로-시상배내측핵을 통하고 있음을 발견했다. 또한 해마보다 편도체쪽이 깊은 관련이 있음이 밝혀졌다.

정동행동은

행동 반응의 요소(인지, 지각, 유쾌·불쾌 , 동기부여 등)와 신체적 반응의 요소(혈압, 심박수, 호흡수, 발한)가 포함된다.

정동행동을 담당하는 중추기구의 이해는 많은 문제행동을 이해하는 열쇠가 된다(그림 1.6). 대표적인 정서 행동, 사회 행동에 관계하는 신경기구는 아래와 같다.

(1) **공포, 불안행동** : 외적자극에 대해 도피와 회피 등의 행동을 나타낸다. 경우에 따라 떠는 행동과 공격행동을 동반한다. 동물에서 생명의 위험으로부터 회피하는 것은 반드시 있어야 하는 정동반응이다. 동시에 발한, 산동, 혈압 상승, 심박수 증가 등의 교감신경계의 활성을 동반한다. 시상하부 외측핵과 편도체 중심핵을 전기적으로 자극하면 같은 양상의 공포반응이 확인되고, 이들의 신경핵의 파괴로 인해 공포반응이 나타나지 않기 때문에 공포와 불안행동의 발현에서는 시상하부 외측핵과 편도체 중심핵이 중추적인 역할을 담당하는 곳이라는 것을 알 수 있다.

(2) **분노행동** : 적대적인 상대와의 만남에 따라 공격과 멸시를 보이는 행동으로 나타난다. 털이 곤두서고, 혈압 상승, 심박수 및 호흡수 증가 등의 교감 신경계의 활성화를 나타낸다. 시상하부의 복내측핵과 중격핵(septal nuclei)을 손상시키면 사소한 외부 자극에 의해 분노의 반응을 드러내기 때문에, 이들 신경핵이 공격성에 관여하는 것으로 보여진다. 한편, 편도체를 파괴하면 공격성은 없어지거나 약해진다.

(3) **섭식행동** : 편도체 자극에 의해 음식 섭취 행동이 촉진되지만, 이 반응은 뭐든지 먹는 행동 패턴으로 음식을 구별하는 능력이 떨어진다고 한다. 시상하부의 복내측핵이 파괴되면 섭식행동이 촉진되고 외측핵이 파괴되면 섭식행동이 제어되는데, 각각을 포만중추, 섭식 중추라고 한다.

(4) **성행동** : 변연피질 또는 신피질 제거로 인해 수컷에서는 성 행동의 저하가, 암컷에서는 유혹 행동의 저하가 나타난다. 수컷의 성 행동에는 시상하부의 시색전야가 필수이고, 그곳을 파괴하면 정상적인 마운팅 장애가 나타난다. 암컷은 보습코기관상피 혹은 후각 상피를 통하여 페로몬을 수용하고, 암수변별과 추가로 수컷의 발정상태를 모니터하고 정확한 정보를 편도체 중심핵으로 보낸다. 최종적으로 이들 정보가 분계조상핵을 경유하여 시상하부로 들어가고, 암컷형의 성행동을 유발하게 한다. 수컷에서도 암컷이 페로몬을 수용하여 시상하부에 정보를 보낸다. 수컷의 성 행동은 시색전야와 더

불어 시상하부 복내측핵에 성 행동의 중추가 존재한다. 특히, 복내측핵에서는 수컷에서 특징적인 로도시스반사의 제어기구가 존재하는 것이 밝혀지게 되었다.

(5) **모성행동** : 모성 행동의 제어중추도 성 행동의 제어중추와 겹치는 곳이 많다. 자식으로부터의 냄새와 접촉 자극이 편도체 내에서 처리되어 최종적으로는 시상하부의 시색전야와 실방핵의 옥시토신 신경활동을 활성화되게 하여 모성 행동이 발현하게 된다. 모성 행동은 그 이외의 행동과 같이 호르몬이 영향을 강하게 받기 때문에 에스트로겐과 프로게스테론의 투여에 의해 일어날 가능성이 있다. 또한 경험 의존적인 모성 행동의 발현도 보이는데, 출산 경험이 있는 암캐가 거짓 임신 후에 모성 행동을 나타내는 것은 호르몬과 경험의 복합적인 작용이다.

(6) **친화행동** : 부자간, 모자간, 무리 내 등에서 동종 타개체의 존재는 때에 따라 신체적, 행동적인 스트레스를 경감하는 작용을 갖는다. 이와 같은 친화 행동에 의한 자극은 편도체의 옥시토신 신경계의 활성화로 불안행동의 경감, 또는 시상하부 실방핵의 옥시토신 신경세포를 흥분하게 하는 것으로 스트레스 내분비 반응을 저하시킨다고 한다. 친화성이 높은 동물 종에서 이 친화 행동은 무리 또는 친자의 연결 형성에 필수이며, 또한 그 형성에 따라 불안행동과 스트레스 내분비를 저하시키는 것이 가능하게 된다.

신경전달물질과 행동

뇌는 구조적인 분화와 더불어 여러 가지 신경전달물질에 따라 복합적인 기능 제어를 수행하고 있다. 신경전달물질은 시냅스를 매개하여 연접후신경세포를 흥분시키고 억제하는 것으로, 최종적으로는 정보의 지각과 행동의 발현으로 연결하는 중요한 역할을 담당하고 있다(그림 1.7).

대표적인 신경전달물질

노르에피네프린

중뇌의 청반핵에 노르에페네프린을 분비하는 신경세포체가 존재하고, 신경가지가 대뇌변

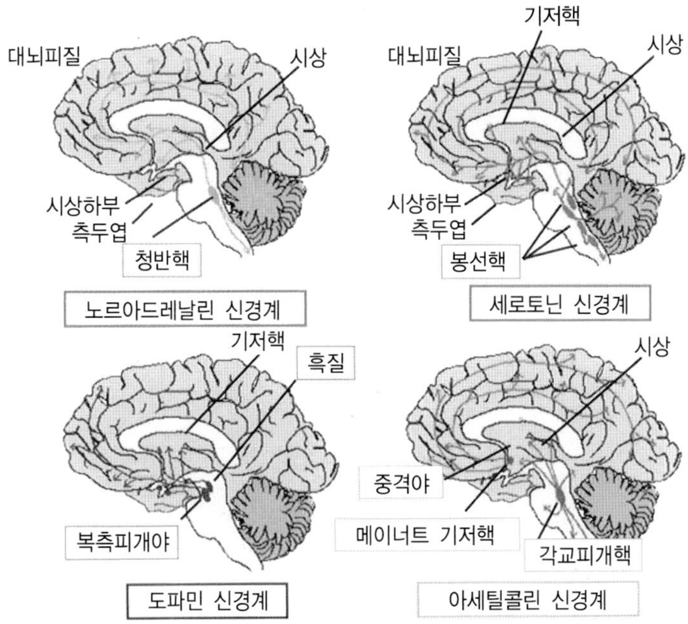

그림 1.7 고전적 신경전달물질의 투사방식. 노르에피네프린은 청반핵의 기시부로, 시상하부나 측두엽, 대뇌피질, 시상으로 투사한다. 세로토닌 신경핵은 봉선핵에 신경세포를 인지하고, 동시에 시상하부나 측두엽, 대뇌피질, 해마, 기저핵, 시상에 섬유를 투사한다. 도파민 신경세포는 복측피개부분에서 측좌핵이나 전두엽에 투사하는 경로와, 흑질에서 선상체로 투사하는 경로 2가지가 존재한다. 또한 시상하부내에서도 신경세포를 볼 수 있다. 아세틸콜린은 각교피개핵, 메이너트기저핵, 중격부분 등에 신경세포가 존재하며, 뇌전체로 투사되어 있다.

연계 및 대뇌피질 등 광범위하게 뻗어 있어, 섭식과 각성, 성행동, 불안 등에 관여하는 역할을 한다. 각성 시에 분비가 왕성해지므로 스트레스 또는 혐오자극에 따라 분비는 증가한다. 그 외, 교감신경계의 활성화를 매개하여 심박수와 혈압의 상승, 체온상승의 제어, 섭식행동과 성행동 등의 제어 효과가 있다.

도파민(Dopamine)

중추의 흑질(Substantia nigra)과 척추피개부에 도파민을 분비하는 신경세포체가 있다. 또한 소수이지만 시상하부 내에도 세포체가 확인되었다. 자발적 행동의 제어, 동기부여와 운동에 관여하는 물질이다. 도파민 저하는 운동불능, 강경증(Catalepsy)[3], 우울상태를 나타내고, 도파민 과다는 정신분열증(Schizophrenia), 운동항진, 초조감 등을 나타내게 한다. 또한, 학습

[3] **Catalepsy:** 극단적 근육경직 또는 이완현상

과정에서의 강화 학습에 중요한 역할을 담당하고 있으며, 도파민이 방출되는 것에서 학습이 촉진된다.

세로토닌(Serotonin)

뇌간(Brainstem)의 솔기핵(Raphe nuclei)의 신경세포가 주로 분비하고 있으며, 신경다발은 뇌의 광범위한 곳으로 뻗어 있다. 불안과 기분 조절, 섭식, 음수, 성 행동, 일주기 리듬 등 여러 가지 작용을 갖는다. 14 종류의 수용체 Subtype이 보고되고 있으며, 이들 수용체는 각각 다른 작용을 갖는 것으로 알려져 있다. 일반적으로 뇌척수액의 세로토닌 저하가 나타날 경우, 우울 상태, 알콜 섭취 증가, 공격성과 상관된다. 결국 항우울증제로 사용되어지고 있는 삼환계 항우울제(Tricyclic antidepressant, TCA)와 선택적 세로토닌 재흡수 억제약물(Selective serotonin reuptake inhibitor, SSRI)은 신경세포 시냅스에서 세로토닌의 농도를 상승시킴으로써 효과를 나타내는 것으로 알려져 있다.

글루타민산(Glutamic acid)

뇌의 전 영역의 신경세포가 분비하고 있으며, 국소적인 신경핵 사이의 정보 전달에 사용되어지고 있다. 주요한 흥분성 신경전달물질로 약 75 %가 관여되고 있다. 특히 기억, 기억 상기, 학습, 운동에 중요한 물질이다. 또한 전간/발작(Seizure) 발생 기구에도 깊이 관여하고, 글루타민산의 뇌 내 투여로 전간과 같은 행동이 발현된다. 글루타민산에 의해 흥분이 자극되고 과도하면 신경세포의 사멸이 유도된다. 전기적 신경전달은 연접전신경세포로부터 글루타민산을 분비하게 하여 연접후신경세포의 글루타민산 수용체(Glutamate receptor)와 결합하고 신경세포의 활성을 일으킨다.

γ-Aminobutyric acid (GABA)

글루타민산 신경세포와 같이 뇌의 전 영역에 GABA를 분비하는 신경세포가 넓게 분포되어 있고, 국소적인 신경핵 사이의 정보전달에 사용되어지고 있다. 억제성 전달물질로서 연접부신경세포의 흥분을 억제한다. GABA 수용체 중 GABA-A는 벤조디아제핀(Benzodiazepine) 결합성이 있고, 알로스테릭(Allosteric) 약물에 의해 GABA의 작용을 증강시키는 것으로 알려져 있다. 그래서 벤조디아제핀은 불안과 갈등을 억제한다. 또한 글루타민산의 흥분성에 길항하며, 항전간작용을 갖는다. 그러나 대부분의 벤조디아제핀계의 약물은 수면, 어지러움, 학습장애, 심하게는 약물 내성을 형성하게 하는 일들이 종종 발생하니 주의해야 한다.

아세틸콜린

아세틸콜린성 신경세포는 신경계에 넓게 분포하고 있다. 특히 대뇌 피질과 시상 등에 존재한다. 수면과 학습-기억 등 많은 기능에 관여하고 있다. 아세틸콜린의 저하로 인한 수면, 학습-기억의 저하가 나타나는 것이 알려져 있으며, 노화에 따른 학습-기억 장애의 원인 물질이라고 알려져 있다.

오피오이드(Opioid)

중뇌수도 주변 단백질, 복측 피개, 흑질에 많이 분포하고 있다. 생체 내 마약이라고 불리며, 진통과 감각상실을 보이는 물질이다. 스트레스 반응에 중요한 역할을 하고 있다.

MEMO

제2장

발달행동학

이 장에서는 개와 고양이의 행동을 그들의 발달에 따라 소개한다. 이들 행동의 변화는 개와 고양이 본래의 행동 레퍼토리이다.

2

발달행동학

머리말

모든 포유류는 불완전한 형태와 미성숙된 중추기능을 갖고 태어나고, 모자간을 중심으로 하는 사회 환경에서 발달해 간다. 이 과정에서 신경세포의 발달은 증가에서 소멸로 전환되고, 중추신경계에 필요한 경로를 보존하고, 불필요한 것을 위축시키고, 성장 후의 행동 형질 획득에 필수 과정을 거친다. 헤브의 법칙으로 유명한 도날드 올딩 헤브(Donald O. Hebb)는 개를 사용한 연구에서 유소년기의 사회 환경이 중추 발달에 큰 영향을 미친다는 것을 발견하였고, 또한 스콧(John Paul Scott)과 풀러(John. L. Fuller)도 유소년기의 경험이 성장 후 행동을 크게 변화시키는 것을 보고하였다. 일반적으로 **개**의 경우 생후 2주령을 **'신생자기'**, 3주령을 **'이행기'**, 4~13주령을 **'사회화기'**, 사회화기 부터 사회적 성숙(1.5~2세)까지를 '유년기', 사회적 성숙 이후를 **'성숙기'**라 하며, 대형견에서는 5세 이후, 중·소형견에서는 7세 이후를 **'노령기'**라고 부른다. **고양이**에서는 생후 1주령을 **'신생자기'**, 2~3주령을 **'이행기'**, 3~8주령을 **'사회화기'**, 8주령~성성숙기 까지를 **'유년기'**, 그 이후를 **'성숙기'**, 7세 이후를 **'노령기'**라고 부른다.

태생기

스테로이드 호르몬은 임신 말기의 태자 중추 발달에 큰 영향을 미친다. 그 작용의 일부는 비가역적으로 수컷이 특징적으로 가지고 있는 중추 또는 암컷이 특징적으로 가지고 있는 중추를 발달시킨다. 이 시기 전후 성 스테로이드 호르몬의 작용은 일반적으로 형성화 작용(Organizational effects)이라고 불린다. 수컷에서는 고환에서 방출된 테스토스테론이 중추에 도달하여 일부는 방향화효소(Aromatase)에 의해 에스트로겐으로 치환되어 에스트로겐 수용체에 작용하게 되고, 테스토스테론은 안드로겐 수용체를 자극하게 된다. 결국 이 두 가지 자극의 결과 수컷 특징적인 중추 기구가 만들어지게 된다. 한편 암컷에서는 에스트로겐이 방출되는 것과 관계 없이 α-페토프로테인(α-Fetoprotein: 태아 단백질)이 에스트로겐과 결합하게 되어 성호르몬이 중추에 도달하지 못하게 된다. 이렇게 성 스테로이드 호르몬에 노출되지 않았던 뇌는 암컷형이 된다. 테스토스테론 노출 정도의 차이에 따라서 나타나는 요인에 대해서 최근 잘 알려져 있는 것은 자궁 내 환경의 영향이다. 임신 말기가 되면 태아는 점차 생식샘에서 테스토스테론 또는 에스트로겐의 생산을 시작한다. 이 시기에 다태동물인 개와 고양이에서는 서로 나란히 있는 동태의 태아가 암·수컷 중 어느 쪽이 되는지 결정되고, 장래의 수컷형의 행동과 암컷형의 행동 발달의 강약이 조절된다.

임신기의 모체가 사회적, 신체적 스트레스를 받았다면 그 후 자식의 신경내분비계 또는 행동의 변화가 나타남을 알 수 있었다. 임신기의 모체가 스트레스를 받으면 글루코코티코이드의 분비가 상승하고, 그 결과 모체 유래의 글루코코티코이드가 태아에 작용하여 스트레스 반응성을 변화시킨다고 한다. 또한 임신기에 스트레스를 받았던 모체는 출산 후의 모성 행동의 저하가 나타나는 몇 가지 종류의 동물 종이 확인되었다. 그렇기 때문에 임신기, 수유기 동물의 사육은 태아의 중추신경계 발달에 영속적인 영향을 주게 되므로 주의해야 한다.

BOX 2-1 혈육인가 양육인가?

개와 고양이뿐만 아니라 동물의 행동은 크게 유전적 요소와 환경적 요소에 따라 형성되어 왔다. 이 '혈육인가 양육인가' 라고 하는 의문은 사람을 포함한 생물과학에서 최대의 테마 중 하나이다. 이 수수께끼를 푸는 열쇠로 생각되어지는 최근의 보고를 소개한다. 붉은 털 원숭이에서도 유전적 배경의 차이가 개체의 행동 특성을 좌우되는 것이 시사된다. 특히 세로토닌의 재흡수를 일으키는 세로토닌 트랜스포터의 발현을 조절하는 프로모터의 영역에 유전자 다형에 사람과 같이 긴 타입의 L형과 짧은 타입의 S형이 존재하는 것으로 보아 불안과 성서 행동과의 관련이 시사된다. 히그리(Dee Higley) 등에 의해 세로토닌 트랜스포터의 프로모터의 영역인 L형을 갖는 개체와 S형을 갖는 개체에서 공격행동과의 관련성이 보고되었다. 대단히 흥미로운 것은 일반적으로 모체에서 길러진 개체에서는 유전자 다형에 따른 공격행동의 차이는 보이지 않는데 반해 모체로부터 분리되어서 키워진 개체에서는 세로토닌 트랜스포터의 프로모터 영역에서 유전자 다형과 뇌척수액 중의 5-HIAA의 농도가 공격행동의 발현과의 상관성이 깊게 나타났다. 즉, 어떤 특정 환경 조건 하에서는 유전적 배경이 행동 발달에 영향을 미치는 것이 명료하게 나타난 것이다. 이것은 '혈육인가 양육인가' 라는 의문에 대한 답은 역시 '혈육에도 양육에도' 있다는 것을 나타내는 것으로 생각할 수 있을 것이다.

신생자기

새끼의 생존은 완전하게 어미에게 의존한다. 갓 태어난 새끼는 안검은 폐쇄되고, 시각은 미발달되어 있다. 동시에 청각도 미발달하여, 소리에 대한 반응도 약하다. 주로 후각정보에 의지하여 어미의 젖꼭지를 인지하고 접근한다. 고양이는 모유를 먹을 때 제자리걸음 행동을 한다. 이 행동은 성숙한 이후에도 주인에게 하는 경우도 있다. 신생자는 탄생 후 2시간 내에 모유를 먹기 시작한다(흡유반응). 신생자 시기(그림 2.1)의 수유는 2~3시간 마다, 그 이후에는 1일 5~10회 정도가 된다. 8일된 강아지의 위는 1~5 ㎖ 정도의 용량이 된다. 개는 전용 젖꼭지를 결정하지 않고, 매회 다른 젖꼭지에 달라붙으나, 크고 활발한 개체가 우유가 잘 나오는 젖꼭지를 독점하는 경우가 있다. 생후 26일경이 최고 비유량이 된다. 신생자 시기의 고양이는 개와 달리 생후 2~3일경에 약 80 %가 전용 젖꼭지를 결정하고, 이유기까지 계속해서 그 젖꼭지에서 수유가 이루어진다. 모유의 열량은 약 1.5 ㎉/g이다. 이동은 매우 국한되어 둥지 주위를 기어다니는 정도이다. 어미에 의한 항문, 외부 생식기의 자극에 의해 반사적으로 배설한다. 또한 체온을 스스로 유지할 수 없기 때문에, 어미 혹은 형제와 접촉해서 체

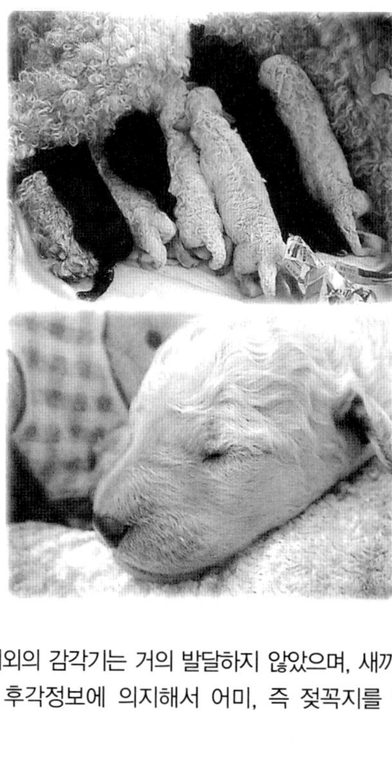

그림 2.1 신생자기. 후각이외의 감각기는 거의 발달하지 않았으며, 새끼의 생존은 완전히 어미에게 의존하고 있다. 후각정보에 의지해서 어미, 즉 젖꼭지를 인지해서 접근한다.

온을 유지한다. 발성이 가능하여 저체온을 느끼거나 공복일 때 독특한 음성을 발성한다. 이 발성은 어미의 모성행동을 유발시킨다. 새끼는 어미와 서로 접촉함으로 평온함을 느낄 수 있다. 신생자 시기부터 감수성기의 털다듬기 행동으로 대표되는 촉각자극은 발달과 함께 나타나고, 이 자극은 성장 후의 행동중 특히 불안행동, 공포행동 그리고 스트레스 내분비반응에 크게 영향을 미친다. 이 시기에 어미와의 접촉이 적었던 개체는 어떠한 반응에 심하게 반응하여 문제행동의 중요한 인자로 고려된다. 고양이의 특징 중 하나인 입주위 수염은, 뛰어난 촉각 감수성을 가지고 있다. 이 신생자 기간에 입주위 수염의 자극을 없애면 대뇌피질의 감각부분이 위축된다고 알려져 있으며, 충분한 감각자극은 대뇌피질의 발달에 필수이다.

이행기

감각기가 급속하게 발달한다. 안검이 열려 시각을 이용할 수 있게 된다. 개의 바깥귀길(외이도, 外耳道)이 열리는 시기는 12~14일이며, 완전하게 열리는 것은 5주경이다. 3주부터 급속하게 청각이 발달하며, 4~5주경에는 다 자란 개와 비슷한 정도가 된다. 고양이의 바깥귀길이 열리는 시기는 평균 10일이며, 완전히 열리는 데는 17일 정도 걸린다. 3일 된 고양이에서 500~2000 Hz가 가청역이다. 시각의 발달도 이 시기쯤으로, 개는 16일경, 고양이도 17일경으로 완전히 눈을 뜬다. 개와 고양이의 시력 발달은 16주경에 완성된다고 알려져 있다. 반사판(Tapetum lucidum) 자체는 출생 후부터 발달해, 반사판의 반사광은 초기에 청파장, 몇 주 사이에 개나 고양이의 고유색으로 변화한다. 시각이나 청각에서의 감각정보는 중추 대뇌피질의 발달을 촉진시키고, 입력감각이 저하되면 피질은 위축된다.

마찬가지로 대뇌피질운동부분이 발달하고, 운동능력이 향상된다. 이로 인해 운동은 복잡해 지고, 일어나서 보행하는 행동이 가능해 진다. 신생자 시기부터 이미 자세반사는 준비되어 있지만, 운동기관의 발달이 늦어져, 정확한 반사를 나타내는 것은 생후 2주 정도가 지나서 부터이다(그림 2.2). 자세감각도 이미 발달되어 출생되지만, 그 반응성은 다 자란 동물보다도 약하다. 특히 고양이는 균형감각이 우수하며, 공중에서의 입위(立位)반사는 3주경에 완성된다. 도약력도 뛰어나, 서 있는 자세에서 뛰어오르는 행동이 가능해진다.

그림 2.2 이행기. 감각기관이 급속하게 발달하고, 운동기능도 상승. 스스로 배설할 수 있도록 된다.

사회화기

이전은 임계기, 즉 이 특정 기간만이 사회화에 관련된 경계로 인식되어 왔다. 그러나 현재에는 감수성기, 즉 사회화에 대해 높은 감수성을 가지고 있는 기간으로서 파악되고 있다. 이것은 사회화하는데 사회화기가 중요하지만, 그 전후의 시기도 마찬가지로 중요하다는 것을 의미한다. 이 시기에 경험한 생물적 또는 무생물의 사건이 개나 고양이의 장래 행동반응이나 특질에 크게 영향을 미친다는 점에서, 이 시기를 사회화기(그림 2.3)라고 부른다. 예를 들면 오직 한 번의 경험으로도 그것이 공포로 기억되어 버리면, 성장 후의 행동에 굉장한 영향을 미치는 것으로 이어진다. 개는 이 사회화기의 전반은 개에 대한 사회화가, 후반은 다른 종의 동물에 대한 사회화가 촉진된다고 알려져 있다. 8주 정도가 되면 새로운 자극을 피하려고 하는 행동이 나타나며, 이 시기에 공포경험을 했던 것이 생애에 걸쳐 공포기억이 정착되기 쉽기 때문에 주의가 필요하다. 또한 16주경까지 사람과의 접촉이 없었던 개는 사람을 두려워하게 되는 등, 사람과의 관계도 중요한 요소가 된다. 이것에 대해 수의사는 물론, 개를 다루는 모든 사람은 유의해야 한다. 개들 사이에는 늑대만큼은 아니나 서열이라는 계급이 존재하는 경우도 있지만, 최근 연구에 의하면 견종 또는 사육환경에 따라서는 계급이 전혀 없는 경우도 받아들여지고 있으며, 또한 유동적인 무리(동거견)에서 많이 나타난다는 보고도 있다. 강아지는 초기에는 어미와의 접촉이 많으나 차례로 새끼들끼리 지내며 접촉량을 증가시켜 간다. 그 안에서 서열 정하기나 역할교대의 행동을 볼 수 있다. 강아지들의 행동 레퍼토리는 증가하고, 거의 다 자란 개와 비슷한 행동을 취하는 것이 가능해 진다. 이 사회기는 형제들, 또는 어미 개와 노는 것을 통해 많은 것을 배우는 시기이다. 이 시기에 필요한 것은 씹는 힘의 조절, 장차 만날 동물들에 대한 사회화, 보디랭귀지의 습득이다. 물론 환경에 대한 사회화로서 피해야 할 것, 무시해야 할 것을 배우는 것도 필요하다. 고양이가 성장 후 다른 고양이를 받아들이는 데는 사회화기에 얼마나 다른 고양이와의 접촉경험에 의존한다. 사람과의 사회화는 10주령을 넘기면 어려워진다. 일반적으로 4인 이상의 사람과 사회화기에 접촉한 고양이는 성장 후에 사람에 대한 우호적인 행동을 표현하게 된다. 그리고 고양이는 사회화기에 사회적 관계, 포식행동, 공포, 먹을 것의 기호성 4가지가 강하게 박혀있다. 특히 어미 고양이를 보고 배우는 모방학습이 강하다. 고양이에게 있어서 이른 이유(離乳)는 성장 후 격한 포식공격·놀이에 따른 공격행동 등을 불러일으키는 요소가 된다.

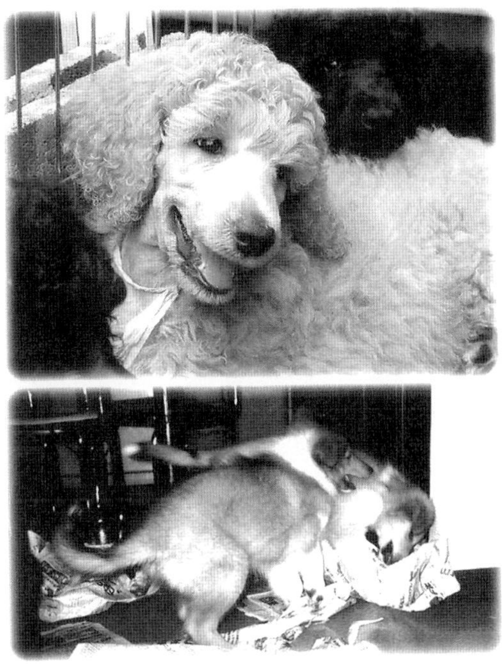

그림 2.3 사회화기 전반. 주위 자극에 대해 왕성한 호기심으로 반응한다. 이 시기에 경험한 생물(사람, 개, 고양이) 또는 무생물자극은 개가 성장한 후에 별다른 불안, 공포반응 표현하지 않는다.

유년기

일반적으로 유년기는 사회화기의 종료 후부터 성 성숙 전까지를 일컫는다(그림 2.4). 개의 경우, 행동적으로 성숙은 성 성숙 종료 이후이며, 대형견은 생후 2년, 소형견은 생후 1년 정도이다. 개의 성 성숙은 6~9개월이다. 고양이의 청년기는 9주경부터 성 성숙(7~10개월)까지의 기간에 해당한다. 이 시기의 강아지는 운동능력이 비약적으로 향상된다. 또한 주위에 대한 관심이 높아져, 호기심이 왕성해 지고, 연구에 열중하는 경향이 있다. 쉽게 흥분하며, 집중력이 지속되지 않는다. 어미견과 함께 지내는 경우, 이 시기의 강아지가 끈질기게 뒤쫓아 다니면, 으르렁 대고, 이빨을 보임으로써 쫓아버리는 행동을 보이고, 동시에 강아지는 복종자세를 익힌다. 4~6개월경에 일시적으로 공포에 대한 감수성이 높아진다. 이때부터, 영역(Territory)의식이 발달하고 보호를 위해 짖는 등의 공격행동을 보이게 된다. 이 시기에는 주인이나 다른 개 등과의 상호 접촉 안에서 충분하게 놀게 하는 것이 중요하다. 유형성숙(Neoteny)에 의한 것인지는 모르나 개는 개들 또는 사람에 대해 성숙 후에도 놀이행동이 많은 것이 특징이지만, 유년기의 개는 혼자 노는 것이 감소되므로, 주인은 적극적으로 놀이에 개입하는 것이 바람직하다. 고양이의 사회화기 후기부터 유년기는 개와는 달리 성 성숙과 함께 독립적인 경향이 강해지고, 어른 고양이로서의 행동을 보인다. 즉 유년기도 사회화기와 비슷하게 개와 비교해서 짧다. 성 성숙은 오리엔트종이 빠르고, 페르시아종은 느리다.

그림 2.4 청년기. 사회행동의 성숙기. 수캐도 암컷개도 각각 성에 따라 사회행동이 발달하고, 무리 안에서의 행동양식이 확정된다.

성숙기

발달을 끝낸 동물에서는 어느 정도 안정된 행동표현을 보인다. 하지만, 성 성숙 이후의 개·고양이에서도 경험에 따라 행동이 크게 변화할 수 있다는 것을 알아둘 필요가 있다. 또한 견종마다 다른 발달기의 중요성을 고려해야 하며, 같은 견종이라고 해도 다른 환경에서 키워지면, 그 행동형질은 크게 변화되게 된다. 개나 고양이는 동체시력이 탁월하다. 비월운동(飛越運動)이라 불리는 기민하게 연속하는 안구 움직임에 의해 빠른 속도로 대상물과의 상대적인 위치관계를 인식할 수 있다. 한편 사람과 비교해, 초점 자체는 희미해진 상태이다. 적색에 반응하는 추상체(錘狀体)가 존재하지 않거나, 매우 적기 때문에 적색에 관한 색각은 거의 발달하지 않아, 청색과 녹색의 조합에 따라 시각정보를 처리하게 된다. 반사판(Tapetum)이 발달해 있기 때문에, 사람의 1/3인 조도에서도 사물을 볼 수 있다. 시야는 240~290도(사람은 180도)이고, 머리형태에 의존하기 때문에, 견종의 차이가 크다. 보르조이(Borzoi)와 같은 주둥이가 긴 견종일수록 시야가 넓고 사각(死角)이 좁다. 고양이는, 동공의 크기를 순간적으로 빨리 변화시키고, 반사판도 발달해 있어, 사람의 1/8의 조도에서 사물을 볼 수 있을 정도로, 어두운 곳에서도 시야를 유지할 수 있다. 샴은 내방사시가 나타나는 경우가 많다.

성견은 20 Hz 이상의 소리를 들을 수 있고, 상한은 20,000 Hz에서 100,000 Hz까지라고 한다. 최적가청력(最適可聽域)은 200~15,000 Hz이다. 200 Hz 이하는 사람과 비슷한 정도, 200~4,000 Hz까지는 사람보다도 감수성이 낮다. 고주파(4,000 Hz)도 잘 들어서, 개피리를 이용한 훈련은 이 고주파를 이용한다. 어른 고양이는 25~100,000 Hz를 구별하는 것이 가능하다. 또한 귓바퀴를 180도 회전시킬 수 있기 때문에, 2,000~6,000 Hz의 음역은, 귓바퀴가 증폭기 역할을 해서, 2~3배로 증폭시킨다. 성장 후의 개의 후각력은, 사람의 3,000~10,000배이며, 지방산 등을 맡을 때는, 사람의 100만배 이상이 된다. 견종에 따른 차가 있고, 특히 세인트, 하운드계의 개가 발달해 있다. 예를 들면, 비글은 사람의 25배의 코상피면적을 가지고, 1,000~1억배의 감수성을 가지고 있다. 사람 개체 특유의 냄새를 구별하는 능력은 매우 우수하며, 사람의 어느 부분의 냄새라도 식별할 수 있다고 한다. 경찰견의 추적행동 등은 이 능력을 활용한 것이다. 고양이의 코 상피면적은 사람보다 1.2배 정도 넓다. 보습코기관(Vomeronasal organ)이 발달해 있기 때문에, 페로몬에 따라 수컷 고양이의 발정이나 암수구별 등을 인지할 수 있고, 성행동을 제어할 수 있는 것이라고 생각된다.

개의 미각은 대체로 사람의 미각과 유사하여, 단맛, 짠맛, 쓴맛, 신맛의 수용기가 존재하나, 고양이는 당을 느끼는 화학수용기가 결손되어 있기 때문에, 단맛은 감지할 수 없다고 한다.

고령기(수명과 행동의 변화)

영양관리나 위생관리의 향상, 나이가 동물 의료의 진보에 따라, 개 고양이의 수명은 확실하게 연장되고 있다. 개의 수명은 품종에 따라 큰 차이가(7~15세) 나타난다. 소형견종은 대형견종과 비교해서, 대체로 장수한다. 장수견종으로, 소형견은 포메라니안, 말티즈, 중형견으로는 시바견, 세인트 쉽독, 대형견종으로는 레브라도 리트리버 등이 알려져 있다. 고양이의 수명은 12~15세로 품종에 따른 차이는 알려져 있지 않다.

수명을 연장시키는 요인으로서, 암컷의 중성화 수술, 실내사육, 적절한 체중관리, 바깥 생활 등이 보고되고 있다. 고양이 수명은 10년 정도로, 완전 실내사육이 보급됨에 따라 연장되고 있다. 노령에 따른 행동은 변화하지만, 생리적 변화와 질병에 따른 부수적인 변화와 감별할 필요가 있다. 생리적 변화는, 감각기관계, 신경계, 근육계, 소화기계, 비뇨기계, 심혈관계 등의 여러 기능이 노화에 따라 저하되는 것에 기인하는 비가역적인 변화이다. 질병에 부수적인 변화란 관절염, 치아질환, 갑상선기능항진증 및 저하증, 인식장애, 백내장, 당뇨병, 고혈압, 심장질환, 종양 등의 병에 걸림에 따라 생기는 행동변화이다. 이들 질병은 어느 것이나 노령에 따라 병에 걸릴 확률을 상승시킨다. 실제로 발생하는 행동변화에는 생리적 변화와 질병부수의 변화와는 차이가 없다. 그러나 행동변화가 질병에 부수적인 것이라면, 질병의 초기 발견 및 치료의 지표가 될 수 있고, 적절한 치료에 의해 변화된 행동이 원래 상태로 돌아가는 것도 충분히 있을 수 있다. 이런 이유로 고령동물에게는 정기적(6개월 마다)으로 건강진단을 추천한다. 한편, 생리적인 변화는 앞서 서술한 대로 비가역적이기 때문에, 행동치료의 목적은 진행을 지연시키는데 있다.

구체적인 행동변화로서는 반응성의 저하, 사회적 행동의 감소, 인지력이나 학습능력의 저하, 시각이나 청각의 저하, 불안 경향의 저하, 섭취량의 저하, 배출횟수의 증가, 폐활량의 감소, 운동부족 등이 있다. 고령의 동물을 사육하는 경우에는 환경에 대한 배려가 중요하다. 환경의 격차를 없애고, 장애물을 줄임으로써 이동을 편하게 하는 것이다. 기능유지를 위해서도 규칙적인 생활주기를 지키고, 하루 중 일광욕, 산책, 간단한 게임 등을 실행하여 신체적·정신적인 소모를 촉진시킨다면 야간에 편안한 수면을 유도할 수 있다.

BOX 2-2 개의 고령성 인지장애

뇌의 기질적 변화(비만성 β 아밀로이드의 축적과 혈관 주위로의 침윤, 신경원섬유(Neuro-fibrillary神經原線維의 변성 등), 뇌혈관장애 등을 동반하는 인지력의 저하를 말한다. 인지장애로 보여지는 징후는 크게, 시각적 인지장애, 주인과의 상호관계에서 보이는 변화, 수면주기의 변화와 수면시간의 연장, 부적절한 장소에서 배설 등 4가지를 들 수 있다. 그 외에서도 지속적인 짖기, 하나의 행동에 강박적으로 집착하고, 비정상적인 식욕 등 여러 가지가 있다. 나이가 듦에 따라 나타나는 징후의 수가 증가하고 정도는 변화한다. DHA, EPA 등의 불포화지방산이나 MAOB 저해제 등이 치료에 이용될 수 있다. 또한, 고령인지장애에 유용한 전용 사료도 시판되고 있다.

MEMO

제3장

커뮤니케이션

개와 고양이는 정서변화에 따라 여러 가지 행동이나 표정 등을 보인다. 이 장에서는 이들의 커뮤니케이션에 대해 학습하고, 동물 정서상태의 보다 나은 이해를 목표로 한다.

3 커뮤니케이션

머리말

사회성이 높은 동물 종에 있어서, 서로간의 정보전달은 무리의 안전성이나 먹이포획, 양육 등 여러 가지 면에서 대단히 중요한 역할을 담당한다. 그렇기 때문에 복잡하고 기능적인 무리를 가진 동물 종이야말로 사회 커뮤니케이션 능력이 높다. 개와 고양이를 비교해 보면, 개의 무리가 고도로 발달해 있기 때문에, 개의 사회 커뮤니케이션 쪽이 보다 복잡하다. 또한 개와 개, 고양이와 고양이 관계에 있어서 커뮤니케이션의 표현방법이 사람에 대해서도 동일하게 사용되는 경우가 많기에, 사람이 개나 고양이와 접촉할 때, 동물이 표현하고 있는 신호를 확실하게 이해하고, 그 동물에 대해 적절하게 대응하는 것이 여러 가지 면에서 유용하다.

청각을 통한 커뮤니케이션

개의 청각을 통한 커뮤니케이션

개는 발성에 의한 커뮤니케이션이 발달한 동물종이다. 다른 야생의 개과 동물과 비교해 보면, 개가 가진 소리의 레퍼토리는 다양하다. 이것은 가축화로 인해 생겨난 특성을 사람이 선택했기 때문이라고 생각된다. 동일한 발성이라도 서로 다른 사회적 의미를 갖는 경우가 있으며, 사람이 이것을 이해하기 위해서는 개의 표정이나 자세에 맞춰서 이해하는 것이 중요하다.

짖기

경계, 경고, 방어, 공포, 놀이 권유, 인사, 관심의 요구 등을 목적으로 짖는다. 3주가 지날 때부터 짖는 소리를 내게 되고, 일생동안 짖는다. 소리의 강도, 높낮이, 지속시간은 여러 가지가 있다. 높은 주파수의 짖기는 인사나 놀이를 유인할 때, 저음은 경계, 경고, 방어 시에 나타나는 경우가 많다. 한 번 짖기는 경계나 경고 시, 지속적인 짖기는 방어, 공포 시에 나타난다. 선택교배의 역사에서 쉽게 짖는 견종으로는 목양종(牧羊種: 세인트 쉽독, 저먼 셰퍼드 등), 테리어(웨스트 하운드 화이트 테리어, 미니어처 슈나우저 등), 후각을 이용한 하운드종(비글, 닥스훈트), 번견(도베르만, 아키타견) 등을 들 수 있다. 또한 대체적으로 토이종(치와와, 토이 푸들, 포메라니안 등)은 짖는 경우가 많다. 짖기를 유발하는 자극은 다른 개의 울음소리, 인터폰, 자동차나 오토바이 소리, 통행인 또는 다른 개의 모습, 주인의 외출이나 귀가, 방문객 등이 있다. 개체의 성질로서는 불안정도, 경계심, 과민성, 영역 의식이 높은 개가 짖는 경향이 높다. 환경요인으로서는 다두사육에 의한 사회적 촉진, 사회화 부족, 운동 부족, 주인의 애정 부족에 의한 스트레스, 소음환경(도시, 아동 등), 주인에 의한 강화가 있다.

멀리서 짖기

영역, 다른 개체의 소리에 대한 응답이나 다른 개체를 불러들이는 것 등을 목적으로 나타난다. 일정하게 음이 길고, 30초 정도나 지속하는 발성이다. 흔하게는 수 회에 걸쳐 지속된다. 늑대에서 잘 나타나는 이 발성은 북방 견종(시베리안 허스키, 아키타견, 알래스칸 말라뮤트 등)에서도 보여진다. 주둥이 부분을 위로 향해, 머리를 고정하고, 가볍게 흔들면서 발성한다. 사이렌, 피아노, 비행기 소리 등에 반응해 짖는 개도 있다.

으르렁거림

3주가 지난 때부터 개는 으르렁거리는 소리를 내게 된다. 일반적으로 위협이나 방어를 위한 경우가 많으나, 놀이나 관심을 얻기 위한 목적으로도 나타난다. 주파수가 낮은 1초부터 수 초의 길이이다. 주인과의 놀이에서도 나타나는데, 아마 흥분과 함께 나타나는 것으로 생각된다.

만족음

으르렁 소리와 비슷하게, 낮은 대역의 폭넓은 음으로, 호흡을 보다 많이 포함한다. '구우, 우~'라고 들린다. 만족, 인사, 편할 때에 발생되기 때문에, 수유시나 잠 잘 때 등 신생자기 때 가장 많이 나타나지만, 성장 후에도, 만족할 때, 잠들 무렵 자다가 돌아 누울 때 나타낸다.

콧소리

인사, 욕구불만, 복종, 공포나 고통에 수반되어 나타난다. 불안 및 갈등상태에 있는 경우에 나타나는 경우가 많다. 신생자 시기부터 청년기 사이에 많이 들리지만, 성장 후에도 나타난다.

고양이의 청각을 통한 커뮤니케이션

고양이도 청각을 이용하여 커뮤니케이션을 하지만, 개가 사회적인 관계형성에 커뮤니케이션을 사용하는데 비해, 고양이는 영역을 주장하고 다른 고양이의 침입을 막고, 사회적인 거리를 유지하기 위한 수단으로써 이용하는 경우가 많다. 또한 사회적인 무리의 형성이 매우 취약하기 때문에, 서열, 쓰다듬기, 친화행동은 개와 비교해서 확연치 않다.

만족음(Purr)

만족할 때, 사람이나 고양이와 접촉할 때, 친화적 관계로 인사할 때 나타난다. 또한, 음식을 구하고, 주의를 끌기 위해서도 이용된다. 스스로가 편안한 상태로 공격할 가능성이 없는 것을 알린다고 생각된다. 또한 건강이 좋지 않은 고양이에서도 나타나는 경우가 있는데, 그 의미는 아직 명확하지 않다.

울음소리

사람이나 다른 고양이와의 커뮤니케이션에 이용되는 다양성을 가진 발성이다. 발정기의 울음소리에는 보다 특징이 있는 소리를 낸다.

위협음(Hiss)

경계시, 공포상태에서 나타난다. '샤아, 갸아, 후'라는 소리이다.

시각을 통한 커뮤니케이션

개의 시각을 통한 커뮤니케이션

개의 시각에 의한 커뮤니케이션은 늑대와 비교되는 경우가 많다. 유명한 폭스(Michael W Fox)의 보고에 의한 개의 보디랭귀지도 그 중 하나이다. 개의 유형성숙(Neoteny)에 수반되는 형태변이 중 하나로, 주둥이, 귀, 꼬리의 다양성이 있다. 이들의 변화가 개의 시각 커뮤니케이션에 어느 정도 영향을 미치고 있는지는 명확하지 않다. 그러나 겉모습이 다양해져도, 행동 패턴은 비슷하게 나타나는 경우가 많아, 주인은 이들 개의 행동 신호를 정확하게 이해할 필요가 있다.

그림 3.1 폭스(Michael W Fox)의 보디랭귀지. 대표적인 것만을 설명하자면, 개가 흥분하고, 각성상태가 높아지면 꼬리를 위쪽으로 세우고, 상반신을 높이 일으킨다. 이 상태에서 놀이상태로 이동해 보면 왼쪽 위의 그림과 같이 앞다리를 구부리고, 꼬리를 높이 치켜들어 흔든다. 한편 각성상태가 높아진 후에, 공격적으로 변하면 오른쪽 위쪽의 그림처럼 상반신을 크게 하고, 귀를 세우며, 입을 벌리고, 꼬리를 높이 쳐들거나 때론 꼬리를 흔드는 경우도 있다. 공포나 불안을 느끼는 경우에는, 꼬리를 둥글게 말고, 상반신을 낮춰, 쳐다보는 듯한 자세를 취한다. 최종적으로 드러눕거나 서혜부(Inguinal region)를 보이도록 위를 향하게 하는 경우도 있다. 이러한 반응은 상대로부터 공격을 회피하는 신호로서도 유효하다.

우위자세

곧게 서서, 꼬리를 높게 쳐들어, 머리를 확실하게 세우며, 귀도 앞을 향해서 세운다. 으르렁대고, 노려보고, 이빨을 드러내는 등의 행동과 병행해서 나타난다. 앞다리를 상대에게 싣거나 뒤집은 상태가 되어 상대의 위에 타는 경우도 있다. 우위성 행동과 공격성 행동은, 결코 동일하지 않으며, 우위자세는 이미 확립된 개체 간의 우열관계를 인정하는 행동이다. 우위자세를 나타내는 이유는 자원 확보의 경우가 대부분인데, 먹이와 놀이, 장소 점유, 상대와의 잦은 경쟁 장면에서 발견할 수 있다. 공격성으로 발전되는 경우, 이빨이 보일 정도로 입을 벌려 지배 자세를 취하고, 목이나 등의 털을 세우는 모습을 보인다. 또한 꼬리를 높게 쳐드는 빠른 동작은 흥분한 경우에도 나타난다.

복종자세

다리를 구부리고, 자세를 낮게 한다. 머리를 내리고, 귀를 눕히고 꼬리를 만다. 때때로 꼬리는 아래쪽을 향해서 천천히 흔드는 경우도 있다. 상대의 입 주변을 핥는다. 시선은 다른 곳으로 돌리거나 그렇지 않는 경우도 있지만, 머리 부분은 상대에게 등지도록 한다. 상대가 더욱이 우위의 행동을 표현하면 위를 향해, 복부를 노출한다.

명확한 공격회피 이외에, 서로 거리를 좁혀, 온화하게 인사하거나 상대의 긴장을 저하시키는 신호를 내는 경우도 있다. 꼬리를 수평하게 하거나 다소 아래쪽으로 유지해, 시선을 상대로부터 멀리 피하고, 때론 앞발을 들어올려, 혀로 자신의 코 앞을 핥거나 상대의 입주변을 핥도록 하는 행동을 수반하는 경우도 있다. 그 외에, 눈 깜빡임, 하품, 지면의 냄새를 맡는 행동도 동시에 나타내는 경우가 있지만, 이러한 신호가 상대에 대한 효과가 있을지에 대해서는 검증되지 않았다.

불안, 공포자세

겉보기에는 명백한 복종자세를 보이고 있지만, 공격으로 발전하는 경우도 있다. 공포로 인한 공격자세의 경우는, 입을 크게 벌리고, 동공을 크게 열어, 체중을 뒤쪽으로 이동시킨다. 또한 시선은 공포대상으로부터 명확하게 피하고 있다. 개는 멀리서 무엇인가 주의해야할 것을 발견하고, 경계, 주의, 환기 등의 정서변화가 일어날 때에 앞다리를 드는 경우가 있다.

그림 3.2 놀이의 전형적인 자세, Play bow, 앞쪽의 개

그림 3.3 놀이의 전형적인 자세로 수직방향으로의 '과한' 움직임

기쁨과 친화자세

꼬리의 움직임은 기본적으로 감정이 고조될 때 빨라진다. 유연하게 허리 전체를 움직이는 것처럼 넓은 범위의 움직임 있는 경우는 우호성을 나타낸다. 꼬리는 놀 때, 먹이나 간식을 조를 때 높이 올리고, 크고 빠르게 움직이게 된다. 개는 아마 유형성숙이 진행된 결과로, 놀이 행동이 성 성숙 이후에도 나타난다. 이 놀이행동의 신호로서 가장 현저한 것은 놀이인사(Play bow)이라고 불리는 것으로, 앞다리 양쪽을 구부리고, 머리를 낮게 숙이고, 꼬리를 위를 향해 올리는 상태로, 귀는 쭉 세우고, 시선은 놀이 대상을 향하게 한다. 놀이 중에 마치 공격으로 착각할 만한 행동을 취하는 것이, 상하의 움직임이 많은 것, 움직임이 과장되는 것이 실제 공격 자세와의 차이이다. 표정은 긴장 없이 온화하게 된다. 또한 사람에 대해서만 복종적인 행동과 친화적인 행동이 혼재된 표정을 보이는 경우가 있다. 이것은

입아귀(口角)가 치켜 올라가고, 귀는 누운 채로 중앙으로 향하고, 입에서는 혀를 내밀고 웃는 듯한 표정이 된다.

고양이의 시각을 통한 커뮤니케이션

고양이의 시각을 이용한 커뮤니케이션에는 아래와 같은 자세들이 있다.

놀이 자세

특히 어린 고양이에게 많이 보여 진다. 아마 성숙된 사회적 행동을 위한 학습성 행동이며, 상대에 대한 접근, 추격, 대립 자세를 취한다. 때로는 넘어뜨리는 놀이를 유인하는 행동으로도 보여 진다.

그림 3.4 고양이의 놀이 행동

우호적인 접근

꼬리를 세우고 털이 곤두서지 않게 해서 천천히 접근한다. 이 때 사람이 갑자기 움직이면, 고양이가 도망가거나 공격하는 경우가 있기 때문에, 움직이지 않고 지나가는 것을 기다린다. 지나갈 때, 뺨을 비벼대는 행동을 하는 경우가 있는데, 뺨에 있는 페로몬의 분비선을 이용한 표시행동이다. 또한 두 마리의 고양이가 우호적으로 쉬고 있을 때, 서로 꼬리를 감거나 상대의 몸을 꼬리로 만지는 경우가 있는데 이것 또한 우호성의 표현이라고 생각된다.

그림 3.5 고양이의 우호적인 접근

위협과 공포

수축된 동공에 의한 응시가 현저하게 나타나, 앞을 향한 수염, 정면으로 접근, 꼬리털이 부풀어진 듯한 상태는 능동적인 위협 행동이다. 한편, 귀를 뒤로 눕히고, 입의 양쪽을 뒤로 끌어당겨, 이빨을 드러내며, 털을 세워서 비스듬하게 접근하는 것은 방어적(불안이나 공포 유발) 위협을 나타낸다.

그림 3.6 고양이의 방어적 위협

후각을 통한 커뮤니케이션

개나 고양이는, 후각을 통한 커뮤니케이션이 매우 많다고 알려져 있지만 불가사의하게 숨겨져 있는 부분이기도 하다. 아마 종, 성별, 발정주기, 개체식별, 건강상태, 정서적 상태 등의 정보가 후각을 통해 전달되어지고 이 정보의 일부는 페로몬을 이용해 일어난다고 생각된다.

소변

수캐는 커뮤니케이션 수단으로써 소변을 암캐의 30배 정도로 이용해 표식행동을 한다. 가까이에 다른 개가 존재하고 있는 경우, 암캐와 함께 있는 때는 한층 빈도가 증가한다. 암캐는 발정기에 표시횟수가 증가한다. 일반적으로, 개체의 정보가 들어가 있는 것부터, 영역을 의미한다고 일컬어지지만, 명확하지 않는 점이 많다. 암컷의 발정에 수반되는 표식은 자신의 영역을 다른 수컷에게 알리기 위한 것일지도 모른다. 고양이도 소변을 이용한 표식행동을 많이 하며, 개체의 식별, 발정상태, 유형성숙의 표현 등으로 이용한다. 개와 달리, 다른 고양이의 소변 위에 자신의 소변을 끼얹는 표식행동은 하지 않는다. 개의 경우처럼 표식은 수컷이 많으나 암컷도 발정기에는 자주 나타낸다.

항문낭 분비물

배변 초기, 혹은 끝에 부착되어 방출되는 경우가 많다. 또는 강한 공포를 느끼는 경우에 배출된다. 썩은 물고기와 같은 독특한 냄새가 있지만, 그 정보는 명확하지 않다.

아포크린 샘(Apocrine)과 지선 분비물

개는 귀나 입, 서혜부, 항문주위, 내부에 있는 피지선에서, 고양이는 입주변, 턱, 항문주위, 귀부위, 발볼록살 근처에서 배출된다. 처음 만난 개들이 서로 냄새를 맡는 것은 이 냄새라고 생각된다. 영역 주장, 동료 간의 인사의 의미가 있다고 생각된다. 냄새를 이용한 정보뿐만 아니라, 주변에 있는 다른 개체에게 표식자세를 보여줌으로써 시각을 통한 커뮤니케이션도 있다고 보여 진다.

변

개는 표식으로 변을 이용하는 경우는 적지만, 다른 개의 변 냄새에 흥미를 갖는 개는 많으며, 이것으로 먹이 정보를 입수하고 있는 것 일지도 모른다. 고양이의 변에 따른 냄새 및 행동의 의미는 명확하지 않다.

BOX 3 페로몬

1959년에 부테난트(Adolf Butenandt)가 누에나방의 성유인물질을 봄비콜(Bombykol)이라고 명명하고, 그리스어로 Pherein(운반하다)와 Hormon(흥분시키다)에서 Pheromone(페로몬)이라고 명명하였다. 이때 페로몬을 '동물개체에서 빠져나와, 동종의 다른 개체에 특정한 반응을 일으키는 화학물질'로 정의하였다. 동물에게 있어서 구애행동, 성행동, 양육행동, 공격행동의 발현이나 제어 작용을 갖는다. 페로몬은 통상 후각계가 아니라 주로 보습코기관(Vomeronasal organ)에 수용되어, 보습코기관후각계(Vomeronasal system)를 통해, 행동을 관리하는 시상하부나 대뇌주변으로 정보를 전달한다. 성행동의 발현으로 중요시되고 있으나, 이외의 경우, 예를 들어 분만 후의 어미 개는 유방 주변에서 나오는 페로몬이 존재하고, 그것을 인공적으로 합성시키는 것(Dog Appeasing Pheromone[DAP])은 개의 불안행동을 감소시키는데 도움을 준다고 알려져 있다.

MEMO

제4장

사회행동

개와 고양이는 사회성이 매우 높은 동물로, 여러 가지 사회행동을 나타낸다. 사회행동은 같은 종에 있어서는 일종의 의식적인 것이나, 주인에 대해서도 같은 행동을 나타내는 경우가 있다. 이들의 사회행동에 대한 이해는 개와 고양이의 행동 배경에 있는 정상행동의 이해를 돕는다.

4

사회행동

머리말

동물행동은 사회적인 상황에서 크게 변화한다. 예를 들면, 수캐가 모르는 암캐를 만났을 때는 온순하게 인사를 할 수 있어도 모르는 수캐에 대해서는 공격적이 되는 경우도 있다. 또한 같은 암컷을 만나도 그 암컷이 발정기에 있으면 급격하게 적극적으로 되고 냄새를 맡거나 추적행동을 표현하기도 한다. 이처럼, 동물의 행동은 언제, 누구와, 어디에서, 어떻게 만났는가에 따라 크게 다르게 나타나며, 그 배경에 있는 전형적인 사회 행동 패턴을 이해하는 것은 동물 행동을 이해하는데 큰 도움이 된다. 아리스토텔레스는 '사람은 정치적인 동물이다'라고 말했다. 이 정치적이란 사회적이라는 의미로, 사람을 포함한 사회성이 높은 동물의 경우는 사회행동의 발현이 복잡해지거나 정교하게 제어된다는 것을 의미하고 있다. 개나 고양이와 같은 사회성이 높은 동물도 동일하게 사회행동은 복잡하고 정교하며, 이들의 사회행동을 이해하는 것은 문제행동의 배경을 이해하는데 도움을 주며 치료과정에 있어서 보다 적절한 조언을 할 수 있게 한다.

수컷의 성행동

수캐는 생후 반년을 지나면 성 성숙과정에 들어가, 7~8개월경에는 교미가 가능해 진다. 4~5주경부터 형제에게 마운팅(Mounting)행동을 하거나 매우 약하게 밀어 허리부분을 움직이는 것을 볼 수 있지만, 이것은 놀이의 행동범주이며, 이 놀이를 통해서 정상적인 성행동을 학습한다. 암캐가 발정기에 들어서면, 아마 발정 페로몬을 분비하게 되고, 그 냄새로 수캐는 강하게 유인된다. 때론 멀리 짖거나, 섭식·음수 거절, 탈주, 파괴행동을 일으킨다. 암컷이 도망가지 않으면, 귀와 입을 핥으며, 음부의 냄새를 맡고, 앞다리를 암컷의 등 쪽으로 올려놓는 등의 친화행동을 취한다. 이것들이 허용되면, 마운팅행동을 한다. 거부되면 암컷에 대한 놀이를 유인하는 행동을 취하는 경우가 많다. 교미결합은 약 10~40분간이다. 개는 독특한 교미행동을 하는데, 사정 후에 귀두구선이라는 음경의 밑부분이 질 안에서 비대화되어, 결합상태가 계속되고, 교미 후 결합이 유지된다.

고양이도 생후 6~7개월이 되면 교미가 가능해 진다. 마운팅과 함께 암컷 고양이의 목주변을 물거나, 발정난 암컷 고양이가 근처에 있으면 표식행동으로 배뇨나 비비는 행동이 증가한다. 영역을 가지고 있는 수컷 고양이는 발정기의 암컷 고양이의 존재에 따라 활동성과 흥분성이 증대되고 다른 수고양이와의 투쟁행동이 증가된다. 교미기에는 큰 소리로 울며, 암컷 고양이를 유인, 다른 수컷 고양이에 대한 위협을 표시한다. 발정 중인 암컷고양이의 냄새를 맡으면 플레멘(Flehmen: 성적인 흥분으로 머리를 쳐들고 윗입술을 치켜 올리는 동작)이라고 불리는 윗입술을 치켜 올리는 행동을 보인다. 이것은 아마 보습코기관(Vomeronasal organ)에 페로몬을 쉽게 보내기 위한 것으로 보여진다.

암컷의 성행동

암캐의 춘기발동(春機發動)은 생후 5개월 반에서 24개월 사이에 보여지며, 소형견종은 빠른 경향이 있다. 발정주기는 발정전기, 발정기, 발정후기, 무발정기로 나뉘며 약 6~7개월간을 주기로 한다. 발정전기가 되면 수캐에게 적극적인 접촉을 시작하며, 배뇨횟수가 증가, 식욕감퇴 등을 볼 수 있다. 발정기에 들어가면 수캐에게 바짝 다가가는 행동이나, 주인에 대한 불복종, 얌전하지 못한 행동 등 변화가 일어난다. 수캐의 마운팅을 허용하게 되는 것은 발정기로, 음부에서 출혈개시 후 약 10~15일 경이다. 수캐의 마운팅에 대한 수용자세로서 암컷은 움직이지 않고 서서, 꼬리를 쳐들고 옆으로 움직이는 플래깅(Flagging)을 하고 그 후에 음순을 들어올린다. 수캐가 앞다리를 암캐의 등쪽으로 올리면 암캐는 등부위를 내려서 로도시스(Lordosis)를 나타낸다.

암컷 고양이의 춘기발동은 생후 3개월 반에서 12개월 사이에 보이며, 그 후, 연 2~3회의 발정, 임신, 출산을 반복하게 된다. 발정휴지기의 암컷 고양이는 수고양이에 대해 거절행동을 보인다. 발정전기에는 비비는 동작에 의한 표식행동이 증가하고, 스프레이 행동을 하는 것 볼 수 있다. '그르릉'대는 소리를 내면서 발톱을 꺼내, 몸을 꼬으며, 바닥 위를 구르는 행동 등으로 발전해 간다. 발정에 따른 울음소리(사람의 울음소리와 비슷)도 나타나게 된다. 발정전기에는 수고양이를 어느 정도까지는 받아들일 수 있으나 교미까지는 허용하지 않는다. 발정기에 들어서면 수컷의 마운팅에 대한 공격을 보이지 않으며, 개와 동일하게 로도시스 자세를 유지한다. 교미 후, 암컷은 소리를 지르며 수컷을 공격한다. 이것은 수컷의 생식

BOX 4-1 모성의 장단점과 새끼의 불안행동

설치류를 이용해, 유소년기에 받았던 모성행동이 성장 후에 어떠한 영향을 미치는가에 대한 연구는 1960년대부터 왕성하게 이루어져왔다. 몬트리올의 맥길대학 정신과의 마이클 미니는, 어미 쥐가 나타내는 자발적인 리킹(Licking 핥기) / 그루밍(Grooming 털고르기)을 출산 후 2일 째부터 2주간, 매일 8시간에 걸쳐 행동관찰을 실시한 결과, 어미 쥐가 새끼에 대한 리킹 / 그루밍의 발현빈도에서 개체차이가 크게 존재함을 알게 되었다. 다른 모성행동, 예를 들면 옆에 따라 붙어서 자거나 수유하는 시간은 대부분의 동물이 일정하였다. 그리고 리킹 / 그루밍 발현빈도가 높은 어미 쥐에게 양육된 새끼 쥐와 발현 빈도가 적은 어미 쥐에게 양육된 새끼 쥐의 성 성숙 후 스트레스 반응과 불안행동의 비교를 실시한 결과, 리킹 / 그루밍의 발현 빈도가 높은 어미 쥐에게 양육된 새끼 쥐에서 성장 후 스트레스 반응과 불안행동이 저하되어 있음이 명확하게 밝혀졌다. 이처럼 새끼가 어미로부터 받은 보호는 수유라는 영양학적인 요인뿐만 아니라, 어미의 적극적인 보살핌과 그루밍 등의 사회적요인도 포함되며, 이것들은 행동발달에 중요하다. 이를 통해서 번식기에는, 안정된 정서행동 속에서 모자관계가 이루어져야 문제행동의 예방이나 위험도를 저하시킨다고 생각된다.

마우스의 어미와 새끼. 어미의 그루밍행동이 새끼의 불안행동 발생저하에 큰 영향을 미치는 것이 알려져 있다.

기에 의한 동통이 원인으로 보여진다. 이 후, 바닥 위를 굴러다니거나 외음부를 핥는 행동을 반복하며 '교미 후 행동'을 보인다. 교미간격은 20분 정도이며, 다음 간격으로 이어진다. 교미 배란으로 인해, 발정은 교미 후 24시간 정도에서 갑자기 종료된다. 수컷이 없는 경우, 발정은 발정휴지기를 포함해서 2주간마다 반복된다.

모성행동

개는 다른 개과의 동물과 달리, 일부일처제의 번식형태를 갖지 않는다. 야생에서의 개의 번식형태를 관찰한 기록에 의하면, 알파(Alpha dog: 최우위 개체)의 수컷과 암컷 이외에서도 번식하는 경우가 있음을 보여준다. 또한 수캐가 육아에 참가하지 않는 것과, 수캐가 자신의 교미상대 외의 암컷의 새끼를 죽이지 않는 것으로도, 일부일처제가 아님을 알게 된다. 이 같은 형질은 가축화 과정으로 인한 유형성숙의 결과일 수도 있다. 개의 임신기간은 약 63일이다. 출산이 가까워지면, 암캐는 침착함이 사라지고, 무엇인가 찾아 헤매는 듯이 지면의 냄새를 맡는 행동이 증가한다. 때론 주인을 따르지 않는 암캐도 있고, 천이나 종이 등을 사용해 둥지 만들기를 시작하기도 한다. 야생의 개는 출산 시기에 무리로부터 떨어져서 출산용의 둥지구멍을 사용한다. 많은 수의 암캐는 태아의 발달에 따라 식욕이 증가되지만, 출산 직전에는 식욕이 저하된다. 출산 2일전 정도부터 1도 정도 체온이 저하되고, 체온이 정상으로 돌아가기 시작할 때부터 진통이 시작된다. 출산이 시작되면, 태아는 태반과 양막에 싸인 채 태어난다. 모성이 정상적으로 나타나게 되면, 어미 개는 스스로 태반과 양막을 제거하여 핥아 새끼를 자극하고 호흡을 발생시킨다. 정상 출산인 경우 일반적으로 2~8시간이 걸리며, 장시간인 경우에는 24시간 정도 걸리는 경우도 있다. 새끼 강아지는 반사적으로 유방근처의 냄새에 유인되어, 젖꼭지를 발견하고, 수유가 시작된다. 출생부터 완전한 이유시기까지 어미 개는 강아지를 돌보는데 상당한 노력과 시간을 소비한다. 출산 후, 최초 5일간 어미 개는 수유에 매일 10시간 이상 투자한다. 강아지가 성장하고 수유시간이 짧아지게 되면, 어미 개는 보다 오랜 시간 강아지와 떨어져 지내게 된다. 비글 모자를 자세하게 관찰한 연구에 의하면, 강아지가 생후 2일경, 어미 개는 둥지로부터 4시간 정도 떨어져 있지만, 20일경에는 20시간까지 늘어났음이 밝혀졌다. 모성행동은 복수 행동요소로 구성되어 있으며, 둥지 만들기, 수유, 옆에 달라붙어 강아지를 따뜻하게 하고, 강아지에 대한 그루밍, 둥지로 돌려보내는 행동, 모성 공격행동, 이유기의 강아지에 대한 행동억제 등을 들 수 있다. 이러한 요소는 각각 서로에게 작용하여 나타난다. 특히 새끼를 핥는 그루밍행동은 강아지의 생후 불안행동이나 스트레스 반응성을 결정짓는데 중요한 인자가 될 가능성이 있다고 한다. 개들은 6주경부터 모유와 함께, 어미가 뱉어 낸 먹이를 먹거나, 부모가 먹다 남긴 먹이를 먹는 행동을 보인다. 동시에 어미개의 체내에도 변화가 일어나기 시작한다. 지금까지는 자신의 체력을 대부분 새끼를 위해 투자해 왔으나, 어미개가 자신의 먹이를 구하려고 이동하고, 지방을 축적, 체력을 회복하는데 목적을 두게 된다. 설치류나 일부의 영장류 등은 새끼의 수유빈도가 저하되는 것을 계기로 해서 생식능력이 양육모드에서 번식모드로 변환된다. 즉 신생자 시기에는 유방에서 흡인자극이 뇌 안의 옥시토신(Oxytocin)과 프로락틴(Prolactin)의 상승을 유도시키고, 난소기능을 억제하고 있다. 그러나 새끼가 성장함에 따라 수유횟수가 감소하기 때문에, 유방의 자극이 감소하고, 그 결과 성주기(性周期)가 회복된다. 성주기의 부활은 명확하게 다음 출산을 향한 준비를 나타내며, 지금까지 길러온 새끼에 대한 투자를 서서히 중단하고 새로운 새끼를 받아들이려 하는 가장 중요한 변화이다. 이처럼 행동학적인 변화뿐만 아니라 내분비학적으로도 어미-새끼간의 거리는 차츰 멀어지게 된다. 이유기가 되면 어미 개는 강아지가 모유를 필요 이상으로 탐식하는 것을 막기 위해 어느 정도 거리를 두어 생활하게 되지만, 새끼의 놀이에 대한 관심은 높아지고, 이 시기의 어미 개에 있어서는 이별과 공존의 갈등이 되기 쉽다. 개의 번식행동에서 독특한 점은 거짓 임신(僞姙娠)을 일으키기 쉽다고 한다. 이것은 아마 개의 생식분비 억제가 임신한 경우처럼 임신하고 있지 않는 경우에도 동일한 변화를 보이는 것이라고 생각된다. 이 때문에 발정기에서 2개월 정도 지난 암캐는 둥지를 만들거나 인형을 모아놓고, 둥지를 지키려고 하는 모성 공격 등의 행동을 일으키는 경우도 있다.

고양이의 번식형태의 기본은 단독생활과 단독양육이다. 그러나 최근 고양이의 취락 형태를 관찰한 결과, 수컷 고양이와 암컷 고양이는 서로 다른 취락을 형성하는 것으로 밝혀졌다. 하지만 몇몇 수컷 고양이는 암컷과 취락을 공유하기도 한다. 암컷 고양이의 취락은 기본적으로 혈연관계로 성립되어 있고, 취락 내에서 개체가 출산하면 공동 양육하는 모습이 확인되었다. 또한 혼인형태는 다혼이며, 수컷은 복수의 암컷과 교배를 하고, 암컷도 1회 발정으로 복수의 수컷과 교배하고 있음이 알려졌다. 이 때문에 같은 배에서 태어난 새끼 고양이의 아비가 다른 경우도 있다. 모성행동의 요소와 발현 양상은 개와 유사하다. 그러나 모성공격 행동은 고양이가 더 강해서, 때론 자신의 새끼에 대해서도 공격행동이 나타나 교살하는 경우도 있다. 또한 수고양이에 의한 새끼 교살이 나타나기도 한다.

BOX 4-2 사람의 미숙아 이야기

모자 관계가 어느 정도 중요한지를 이야기하는 역학조사가 있다. 콜롬비아에서는 거듭되는 내전으로 인해, 영양상태가 나쁜 미숙아가 많이 태어났다. 이 시기에 분만실에서는 보육기가 부족하고, 일부 미숙아는 보육기 없이, 엄마의 가슴에 안겨 모포로 감싸져 키워졌다. 영양상태가 저하되었기 때문에, 많은 신생아가 목숨을 잃었다. 그러나 동일하게 모유나 인공우유를 주었음에도 불구하고, 감염사태를 관리할 수 있는 보육기로 양육된 신생아 쪽이 엄마의 품 안에서 여러 가지 감염원에 노출되면서 양육된 아이보다 감염사망률이 높았다. 이것은 보다나은 모자관계나 사회 환경이 존재한다면, 감염에 대해서도 면역력이 높아지게 되는 것을 의미하고 있다. 과연, 개나 고양이는 어떠할까? 어릴 때 부모로부터 떨어져 모르는 곳에 멀리 떨어진 펫숍으로 운반되어, 그곳에서도 격리되어 있는 어린 동물은 감염에 대해서도 취약해지고, 백신접종 등의 초기대응이 없으면 목숨을 잃을지도 모른다. 반대로 생각해 보면, 무리 중에서 지내게 된다면, 어쩌면 백신접종도 그만큼의 필요성이 없을 지도 모른다.

공격행동과 친화행동

공격행동

동물은 자신의 무리와 가족을 지키기 위해, 먹이나 영역 등을 지키기 위해서 공격행동(그림 4.1)을 한다. 또한 무리 속에서의 지위확보를 위한 공격도 존재한다. 행동학적으로는 여러 가지 공격행동의 분류가 실시되고 있으며(표 4.1), 이 신경기구의 차이 등도 보고되고 있다. 동물의 공격성에는 적응적인 의미가 크며, 문제행동으로 발전하는 경우에 강화학습을 거쳐서 부적절화가 진행되는 경우가 많다. 특히 공격행동은 학습성에 의해 강화되는 것으

그림 4.1 공격적인 개의 표정. 귀를 세우고 이빨을 드러내어 위협적인 모습이 된다. 귀를 눕히는 경우는 불안행동이나 공포 정서가 혼재되어 있음을 나타낸다.

표 4.1 공격행동의 분류

수컷간	우위성, 경쟁성
공포유발	처벌에 의함
안절부절	아픔에 의해, 신체적인 질병에 의함
영역성	소유성
모성	–
도구성	학습성
성과 관련된 것	–
포식공격	–

왼쪽 열: 모이어(K.E. Moyer)를 인용(1968년).
오른쪽 열: 라이스너의 분류(2002년) 중 모이어의 분류에 상응하는 부분을 기재.

로 알려져 있기 때문에, 공격행동인 문제행동을 예방하기 위해서도 공격경험을 하지 않는 것, 다시 말해 공격적인 장면을 가능한 피하는 것이 항상 중요하다. 공격의 발현에는 반드시 외적 요인이 관련되어 있다. 외부로부터 어떠한 자극이 공격행동을 유발하고 있는지, 그 자극에 대한 동물의 정상적인 반응은 어떤 것인지를 아는 것은, 문제행동의 예방과 치료에 필수이다.

우위와 복종에 관련된 공격행동은 자원(영역이나 먹이 등)을 둘러싼 경쟁 장면에서 보여진다. 기본적으로는 우위행동과 공격행동은 동일하지 않으며, 우위성을 표현(제3장 참조)해,

열세이면 공격행동까지 이르지 않는다. 또한 열세인 개체가 최초부터 열세행동을 나타내는 경우에도 공격행동까지 발전되지 않는다. 공격성이 높은 개체가 우세한 것도 아니며, 상관성이 없는 것도 아니어서, 우위성과 공격성은 별개의 문제임을 알아야만 한다. 공격성은 일반적으로는 우세한 동물의 위협 등에 대해 열세한 개체가 반응하지 않는 경우, 혹은 서로 다른 무리의 우세한 개체끼리 자원을 둘러싼 경쟁을 하는 경우에 나타난다. 열세한 개체가 공격할 수밖에 없고, 우세한 개체로 부터의 위협이 너무 강해지면, 몸을 보호한다는 의미로 공포성 공격행동이 발현된다. 개의 우열과 관련해서 위협과 회피행동은 늑대와 상당히 유사하며, 많은 부분이 의식화되어 있다.

고양이에 있어서 우열, 혹은 경쟁과 관련된 공격행동은 개와 비교해 볼 때 단순하다. 이것은 아마 고양이의 사회성이 개보다 희박하기 때문이다. 먹이, 잠자리, 통로 등의 경쟁 장소에서 고양이들끼리 위협이나 공격으로부터 피하는 장면이 관찰되긴 하나, 이러한 우열관계는 특정한 둘 사이에, 그것도 장소에 따라 결정되는 것으로, 보편성이나 복잡한 종합순위는 존재하지 않는다. 사람에 대해서도 독점적인 공격, 경쟁적인 공격을 나타내는 경우가 많으며, 고양이의 경우에는 자원을 확보하는 것만으로도 공격행동 유발을 피할 수 있다.

공격행동을 제어하는 요인으로서, 앞에서 서술한 바와 같이, 외부로부터의 자극은 중요하지만, 받아들이는 측의 개나 고양이에게 있어서 계통차이나 개체차이가 존재한다. 이 개체차이의 원인으로는 내인성 요인을 들 수 있다. 공격행동을 담당하는 내인성 요인이 많이 보고되고 있지만, 여기에서는 테스토스테론(Testosterone)과 세로토닌(Serotonin)을 소개한다.

많은 포유류에 있어서, 수컷이 암컷보다도 공격적인 경우가 많다. 이 때문에 암수의 차이에 대한 설명에서 수컷의 테스토스테론의 관여를 조사해 보았다(제2장 참조). 수컷에서는 그 무리 안에서의 순위경쟁이 중요하기 때문에, 테스토스테론이 공격성에 관여하는 것을 가정할 수 있다. 그러나 암캐에 있어서도 순위가 존재함으로 다른 동물 종에서 보고되고 있는 것과 같은 성적이형(性的二型: 암수 개체의 외부 형태가 완전히 구분되어 나타나는 현상)을 취하지 않을지도 모른다. 또한 주인에 대한 공격이나 공포유발을 하는 공격행동은 성적인 동기가 낮기 때문에, 중성화해도 공격성은 저하되지 않을 수도 있다. 실제로 이러한 공격행동의 발현에는 암수차가 없으며, 암컷도 수컷과 마찬가지로 공격행동을 발현할 수 있다.

일반적으로 세로토닌 신경계가 활성화됨으로써, 공격이나 불안 등의 정서가 억제되고, 반대로 세로토닌 신경계를 없애 버리면 불안이나 공격성이 증가되는 것을 알 수 있다. 사람이나 영장류, 설치류에게 있어 공격성은 세로토닌 대사물이나 세로토닌 신경활성과 상반된 관계를 나타내며, 공격적인 행동은 세로토닌을 저하시킨다. 그러나 사람이나 영장류의 연구에서 보면 세로토닌의 저하는 충동적인 행동을 나타나게 하지만, 직접적으로 공격행동을 제어하지 않을 가능성이 제기되고 있다. 충동성이 높은 사람이나 동물은 공격행동이 쉽게 유발되어 한번 나타난 공격행동의 억제가 힘들어지게 되어, 결과적으로는 공격성의 증가로 연결된다. 이처럼 세로토닌 신경계의 활성을 높이는 것은 유전적인 배경과 환경적 상호 작용에 의해 형성된다. 사람은 세로토닌 대사와 관련된 모노아민 산화효소(MAO: Monoamine oxidase) 유전자의 돌연변이로 돌발성 공격성이 발견되었으며, 쥐 또한 세로토닌 1B 수용체의 결함개체에서 충동적인 공격성이 발견되었다.

친화행동

사회성이 높은 동물종은 친화행동(그림 4.2)을 나타내며 서로의 존재를 확인하고 안정을 얻을 수 있다. 다른 무리에 대한 높은 공격성은 우리라는 무리의식의 역표현으로써, 이와 같은 동물은 무리 안의 친화행동을 자주 보인다. 친화행동으로 가장 현저한 것은 상호그루밍(Allogrooming 핥아주기) 행동이다. 어미로부터의 어린동물에 대한 그루밍(Grooming 털고르기)행동은 새끼가 성장 후 불안행동이나 스트레스 반응성을 결정 짓는데 중요한 요소가 된다. 이것뿐만 아니라, 성숙한 개체에 있어서도 친화적인 인사를 하며 함께 있는 광경을 자주 발견할 수 있다(제3장 참조). 예를 들면 모자 고양이 간에 있어서 상호 그루밍은 성숙한 후에도 발견되는 행동이다. 그 외에 서로의 몸을 비벼대는 행동(Allorubbing: 고양이에게서 흔히 볼 수 있는 머리나 몸을 문지르는 행동)이나 입주변을 핥는 행동 등을 들 수 있다. 암컷은 암컷과 수컷 둘 다에 대해서, 수컷은(발정주기에 관계없이) 암컷에 대해서만 친화행동을 나타내는 경우가 많다. 친화행동과 관련해서 주목할 점은 친화성이 높은 개체가 함께 있음으로써 사회적 완충효과가 나타난다는 것이다. 사회적 완충작용이란 유대 혹은 친화적인 관계에 있는 개체가 함께 있어 불안이나 스트레스 반응성이 저하되고, 안심효과가 있다는 것을 의미한다. 예를 들면, 새로운 장소에 갈 때, 친화적 관계에 있는 개체와 동반하면 안심이 되어 그곳에 들어갈 수 있고, 스트레스 내분비 축(HPA axis)의 활성도 억제된다. 특히 친자관계 혹은 암컷과 수컷의 유대관계가 형성되어 있는 경우에는, 사회완충효과가 높아진다. 이 신경기구는 명확하지 않지만, 개나 고양이에게 새로운 자극을 줄 경우, 강아지에게 백신접종을 하는 경우, 교제활동에 데리고 가는 경우, 여러 가지 면에서 사회 완충작용이 개의 스트레스 경감으로 이어진다. 현재 일반적인 신체질환은 입원하는 것보다도 집에서 치료하는 편이 예후가 좋으며 감염증 예방에도 좋아 이러한 사회적 완충작용이 유용하다는 사실이 계속해서 보고되고 있다.

그림 4.2 모자간에 발견되는 상호 그루밍행동

불안, 공포와 관련된 행동

불안, 공포와 관련된 행동은 위험에서 회피한다는 의미로 생명활동에 필수적인 것이다. 공포와 불안은 동의어로 사용되는 경우가 많으나, 불안은 미래의 미지의 것에 대한 정서를 의미하며, 이에 반해 공포는 현재의 경험에 의존한 정서변화를 의미한다. 예를 들면, 어두운 밤길이 싫은 것은 불안이며, 이전에 맞았기 때문에 어떤 사람을 보면 싫어지게 되는 것은 공포이다. 동일한 불쾌자극에 대한 신체반응으로서 스트레스 반응이 있으며, 크게 내분비반응과 자율신경반응으로 나뉠 수 있다. 내분비반응에는 스트레스 호르몬으로도 알려져 있는 부신피질에서 분비되는 글루코코티코이드(Glucocorticoid: 부신 피질에서 분비되는 스테로이드 호르몬)와 그 외에 부신수질에서 분비되는 에피네프린(아드레날린, Adrenaline)과 노르에피네프린(노르아드레날린, Noradrenalin)이 작용한다. 자율신경반응으로는 교감신경계의 활성과 부교감신경계의 억제를 들 수 있다. 불쾌한 자극에 대해서 신체적, 행동적으로 반응하고, 최종적으로는 평소 상태를 유지하려고 하는 것은 생명활동에서 중요한 것으로 한스 셀리에(Hans Selye)의 스트레스 학설에 의해, 스트레스란 '심신의 부하가 되는 자극, 사건, 상황 등에 의해 개체 내부에 생기는 긴장상태'라고 정의하였다. 한스 셀리에에 의하면 '스트레스는 인생의 향신료이다', 즉 적절한 외적 스트레스는, 개체에 적응하거나 생체방어반응을 일으켜 항상 개체의 유지 및 쇄신에 도움이 된다. 그러나 너무 지나치면 여러 가지 신경학적, 신체적인 변화를 초래하여 결과적으로 질환을 야기시키게 된다.

공포와 관련된 연구는 공포기억을 어느 정도 기억하고 있고, 어떠한 처리를 받은 후에 도피나 자율신경반응의 항진으로 표현되는지에 대한 것에 초점을 맞춰 연구가 진행되어져 왔다. 중심이 되는 것은 변연계에 존재하는 편도체로(제1장 참조), 제1차 강화물 혹은 혐오 자극의 정보처리에 특이하게 관여하고 있다. 또한 이 관련기억은 뇌의 앞쪽에 존재하는 전두엽이 담당한다. 편도체(Amygdala)에서는 3개의 신경 출력이 중요한데, 첫 번째는 중뇌 회백질로부터 골격근을 긴장시키는 것, 두 번째는 시상하부 외측부로부터 자율신경으로 스트레스에 반응하는 것, 마지막은 분계조(分界條)를 통한 시상하부실방핵에 도달하여, 스트레스 내분비를 제어하는 것이다. 모든 회로가 신체의 스트레스에 대해 즉시적으로 적응하기 때문에 자율신경반응은 혈액순환, 호흡의 변화, 에너지 축적에서 대사촉진으로 변화, 근육은 긴장해서 항상 도피 및 투쟁을 보여주게 되며, 글루코코티코이드는 당대사를 높여 에너지를 생산한다.

이처럼 공포나 스트레스를 느끼는 개나 고양이를 행동적으로 평가하기 어렵다. 앞에서 기술한 바와 같이, 개체의 차이, 경험에 의한 학습과 강화 등 여러 가지 요인(표 4.2)이 관련되어 있기 때문이다. 표 4.3에서 개와 고양이에 있어서 공포나 스트레스 상황에서 나타낼 수 있는 행동을 보여준다. 주의해야 할 것은 예를 들면 공포자극에 대해 도망가는 개와 두려움으로 꼼짝 못하고 있는 개가 있는 경우, 어느 쪽이 강한 공포반응을 나타낼지는 비교할 수 없다는 것이다. 이 때문에 동물에게 있어서 불안이나 공포를 양적으로 측정하거나, 재현성이 높은 지표는 현재시점에서 얻을 수 없다. 생리학적 지표, 예를 들면 심박동, 심박변동해석, 혈압, 발한, 내분비변화 등의 지표를 어느 정도 사용할 수밖에 없다. 이처럼 스트레스 반응은 어떤 의미에서 정상적인 동물의 반응 범주이다. 그러나 이러한 스트레스 반응을 보이는데도 불구하고, 혐오자극에서 자유롭지 못하고, 장기적으로 스트레스에 방치해 두는 것으로 여러 가지 신체적, 행동적인 변화가 발생하여, 결과적으로는 이상을 초래하게 된다. 예를 들면, 개나 고양이는 항상 같은 행동(과도한 핥는 행동, 꼬리잡기 행동, 회전, 과도한 울음소리), 과식, 과뇨(소변의 양이 비정상적으로 많음), 만성 설사, 응시 등이 있다. 이러한 신호가 나타나는 경우에는 동물의 생활환경을 바로 개선시켜야만 한다.

표 4.2 공포를 일으키는 자극과 반응에 관련하는 5가지 요인

(1) **개체에 있어서의 중요성:** 예를 들면 쥐에게 있어서는 천적인 고양이나 여우 냄새 등, 동물종에 따라 그 자극이 어느 정도의 의미를 형성하는지.
(2) **혐오자극에 대한 동물종의 특이한 행동:** 예를 들면 개에서 공포반응으로 나타날 가능성이 높은 행동은 회피와 복종자세 2가지이다.
(3) **발달단계에 따른 행동반응의 차이:** 예를 들면 동일한 스트레스 자극이라도 태아기나 수유기에는 상당한 영향을 미쳐서, 생에 걸쳐 행동변화가 일어나기 쉽다. 그 후 사회화기나 성 성숙기에 이를 때까지도 뇌의 가소성이 상당히 높기 때문에 스트레스나 공포체험의 영향은 엄청난 변화를 일으킨다. 이로 인해 특히 어린 동물을 취급할 때는 충분한 주의가 요구된다.
(4) **과거에 있었던 학습경험:** 혐오자극, 혹은 학습에 의한 공포조건(BOX 6-1 참고)에 따라 중성자극이 조건자극이 되는 경우에, 비슷한 문맥에 따라 이전의 경험학습이 영향을 준다. 예를 들면, 손님이 싫은 개가 있고, 자신이 짖음으로써 손님이 돌아가 버리면 부적강화(제6장 참조)가 생겨, 이후에는 더욱더 짖게 되는 행동으로 변화된다.
(5) **개체의 유전적인 특성:** 경험뿐만 아니라 유전적인 배경의 차이에 의한 자극의 반응성 차이가 있다.

표 4.3 개와 고양이의 공포행동, 스트레스행동

▪ 도망가기, 숨기
▪ 방어성 공격
▪ Panting(숨을 헐떡임)
▪ Pacing(한쪽 앞·뒷다리를 동시에 드는 걸음걸이)
▪ 배설
▪ 과도한 운동 활성화 혹은 운동억제
▪ 울거나 짖기
▪ 동공의 산대(동공이 크게 열림)
▪ 사람이나 다른 동물과의 접촉(특히 개)
▪ 지면 탐색 등의 전위행동

MEMO

제5장

유지행동

이 장에서는 생명유지에 불가결한 행동 중에서 문제행동과 관련된 것으로 음수행동, 섭식행동, 포식행동, 배설행동, 휴식행동, 털고르기행동 등에서의 문제행동을 설명한다. 정상행동을 배우고, 이상행동(문제행동, 질환)과의 감별을 정확하게 할 수 있도록 한다.

5

유지행동

머리말

생명유지에 불가결한 행동 중 가장 중요하게 여겨지는 것은 음수행동과 섭식행동이다. 표식행동이나 배설장소를 익히지 못하는 것은 많은 주인들이 호소하는 문제행동이다. 생리적인 배설행동과 그 특징을 알면 주인에게 적절한 조언이 가능하게 된다. 또한 과식이나 소식에 고민하는 주인이 많다. 현대에는 과식에 의한 비만 문제가 중요시되고 있다. 다식다뇨(多食多尿)를 호소하는 질환이 많이 알려져 있으며, 질환이나 장애에 따라 식욕이 소실되는 것은 당연하다. 적절한 먹이를 고려하기 위해서는 에너지 요구량이나 섭식행동의 특징을 알아 두는 것이 필요하다.

개나 고양이의 섭식행동에는 포식행동이 포함된다. 반려동물로서 현대사회에 살고 있는 개와 고양이에게 있어서 포식행동은 불필요한 행동이다. 그러나, 지금까지 이 행동을 생득적인 행동으로 강하게 유지하고 있는 품종이 있어, 주인에게 있어서 하나의 문제행동이 된다.

휴식행동이나 그루밍(Grooming 털고르기) 행동 또한 생명유지에 필요한 행동이며, 질환이나 문제행동과 관련이 많은 행동이다. 정상행동을 알고, 진정이 안됨. 수면을 취하지 않음, 과한 그루밍행동 등의 비정상 행동과 감별법을 생각해보자.

음수행동

대부분 동물의 생명유지에 물은 필수적이다. 체내의 수분은 음수, 먹이, 대사수(Metabolic

water: 체내의 산화과정에서 수소가 산화되어 생성되는 물)에서 얻을 수 있다. 강아지가 음수행동을 개시하는 것은 4~5주경, 새끼 고양이는 3~4주경으로, 이유식이 시작되면서 모유 이외의 먹이섭취량의 증가 때문이다. 수분요구량은 연령, 활동성, 온도, 섭취식물, 건강상태 등 여러 요인에 의해 변화한다. 즉, 어린 동물은 고령의 동물보다, 활동성이 높은 동물은 적은 동물보다, 고온쪽이 저온보다 각각 많은 수분을 필요로 한다. 평균적으로 생활환경에 있어서 성견(成犬)의 평균 1일 음수량은 60~70 ml/kg(거의, 섭취칼로리와 동일한 정도)이며, 90~100 ml/kg 이상의 음수량의 경우 다음(多飮)으로 진단받는다. 고양이는 물의 요구량이 매우 적어, 다 자란 고양이의 1일 평균 음수량은 30~40 ml/kg 정도로, 45~50 ml/kg 이상이 되면 다음이 된다. 다음은 치료약에 의한 것(스테로이드, 페노바비탈 Phenobarbital), 심리적 또는 신체적인 질환에 의한 것이 있다. 고양이는 개에 비해 음수장소를 선택하는 경향이 높아서, 흐르는 물, 욕조와 같은 대량의 저류수, 수도꼭지의 물방울 등 다양한 곳의 물을 선택한다. 개의 경우, 혀를 뒤쪽으로 말아올려 국자 모양을 만들어 입쪽으로 움직이지만, 국자모양이 너무 평평해서 다량의 물을 주변에 흘리는 경우가 많다. 음수행동은 혈장침투압의 상승, 순환혈액량의 감소, 체온 상승 등의 원인으로 이루어진다.

BOX 5-1 에너지 요구량

1일 평균 섭취요구량은 정상 동물의 안정기에 평균의 기온 환경에서 섭취하고 있는 상태의 에너지 요구량(REP)을 기본으로 하며, 표에 나타난 식에 따라 구할 수 있다. 안정기의 에너지 요구량(㎉)은 70×(체중 kg)$^{0.75}$ 또는 30×(체중 kg)+70이라는 계산식으로 구할 수 있다. 후자의 계산식은 계산하기 쉽지만, 체중이 2~45 kg의 동물에게만 응용된다.

개와 고양이의 1일 에너지 요구량(㎉)의 계산 방법

	개	고양이
중성화 전	1.8×REP	1.4×REP
중성화 후	1.6×REP	1.2×REP
비만경향	1.4×REP	1.0×REP
성장기	3×REP(~4M) 2×REP(4M~)	2.5×REP (자율섭식을 추천)
임신시기(후기)	3×REP	2×REP
수유기	4~8×REP	2~6×REP

섭식행동

동물의 성장단계, 활동정도, 체내대사, 환경 등에 따라 섭식량이 결정된다. 섭식은 체온조절에 중요한 역할을 담당하며, 한랭기에는 증가, 온열기에는 감소한다. 또한, 임신후기 및 수유기의 암컷일 때 요구량이 가장 많으며, 발정기의 암컷은 섭식량이 감소된다.

개는 잡식동물의 소화기관을 가지고 있다. 송곳니는 육식동물에 비해 납작하고 둔하며, 소장, 대장은 잡식성의 형태로 변화했다. 소화관의 길이는 늑대에서는 체장길이의 4배, 개에서는 5배, 초식동물에서는 10배이다. 기호성은 유전요인과 환경요인, 특히 새끼시절의 섭취경험에 의해 크게 영향을 받는다. 섭취량은 체중의 설정치에 의해 조절된다는 가설이 있다. 이유식는 강아지가 고형식에 관심을 기울이기 시작하는 4주경부터 시작되며 60일경에 종료된다. 강아지의 이유식은 사람이 개입하여, 4주경부터 미온수로 불린 개 사료와 모유 양쪽을 영양 공급하고, 그 후 전자의 비율을 급증해 나간다. 첨가되는 물의 양을 점차 감소시켜, 12주 정도가 되면 완전한 마른 먹이의 섭취가 가능해 진다. 같은 배에서 태어난 강아지에게 동시에 먹이 공급을 하는 경우에는 섭취량을 14~50 % 증가시킨다.

개에게 자유롭게 먹이를 주게 하면 섭취횟수는 1일 3~5회 정도이며, 야간에는 섭식하지 않는다. 여러 마리의 개에게 하나의 그릇에 먹이를 주면, 주로 힘이 강한 개체가 섭식을 개시한다. 많은 개의 사육은 섭취량을 증가시킨다. 소형견은 대형견에 비해 기호의 편중을 보이며, 고단백질, 고지방의 먹이를 선호하는 경향이 있다. 개는 필요 이상의 칼로리를 섭취하는 경향이 높아, 과잉섭취에 따른 비만이 문제가 되기 쉽다. 사육하는 개의 약 30 %는 비만이라고 한다. 관절염, 추간판탈출증 등의 정형질환, 당뇨병, 간장병 등의 대사질환, 요실금 등 비만과 관련이 있는 질환이 다수 존재한다. 한번 비만이 되면 운동량이 줄어 더욱더 칼로리 소모가 줄며, 뚱뚱해지는 악순환에 빠지게 된다.

고양이는 개에 비해, 육식에 적절한 소화기관을 유지하고 있어, 소화관장은 몸길이의 약 3배 정도로 짧다. 송곳니도 날카로워 포식행동에 적절한 구조로 되어 있다.

고양이는 기회만 있으면, 쥐 등의 설치류, 참새 등의 조류, 곤충을 사냥해서 섭식하는 육식동물이다. 개보다도 고단백 먹이를 필요로 하며, 대량의 탄수화물은 소화시킬 수 없다.

먹이를 변경할 때 개에 비해 시간을 더 투자해야 한다. 자유섭식을 하면 1회에 쥐 한 마리 정도의 칼로리 양을 하루에 10~15회 정도 나누어 섭취한다. 만성적인 스트레스 상황에 있는 고양이는 섭취량이 증가하며, 반대로 급성 스트레스 하에는 감소한다. 여러 마리의 고양이가 존재할 때 하나의 그릇에 먹이를 주면 섭식은 순차적으로 이루어지나 개처럼 우열에 의한 순번은 존재하지 않는다. 또한 개와 달리 여러 마리의 사육과 섭식량은 관련이 없다. 개와 비교해 기호의 편중이 심하다. 맛보다도 냄새에 의해 기호가 결정된다. 먹이의 온도가 30도 정도 일 때 가장 기호성이 높아진다. 고양이는 식물(植物)을 섭취하지만, 영양요구라기보다는 털뭉치 처리가 목적이라고 생각된다.

포식행동

이행기나 사회기에 보여지는 강아지·고양이들 간의 놀이에 포식행동의 요소가 모두 들어가 있다. 사회화기의 놀이를 통한 시행착오의 자주 학습에 따라 포식행동은 발달한다. 고양이는 어미로부터의 모방학습도 많다. 즉, 어미 고양이는 4주경에 포획물을 운반해 와서 새끼 고양이의 눈앞에서 죽이는 것을 보여주고 먹게 하고, 다음에는 약해진 포획물을 새끼 고양이에게 주어 죽이게 하고, 마지막으로 사냥 장소에 동반해 관찰시키도록 한다. 포식행동은 생득적인 행동이지만 일련의 행동의 기교는 어미로부터의 학습이 작용되기에 습득적인 행동이라고도 할 수 있다.

개과 동물과 고양이과 동물의 포식행동에는 연속성이 필요한데, 숙련에 따라 움직이지 않는 사냥감을 사냥 대상으로 인식할 수 있게 된다. 개과 동물은 공복 시에만 사냥을 하고, 대량으로 먹어, 다시 공복시기가 될 때까지는 휴식행동을 취하는 경우가 많으나, 고양이과 동물은 사냥감의 움직임에 자극되어 공복 시와 관계없이 살상까지 이어진다.

개는 견종에 따라 인위적으로 포식행동이 약해지거나 강해지기도 한다. 예를 들어, 경비견(Life guard)종인 마렌마 쉽독은 대부분의 포식행동이 억제되어 있으며, 예를 들면 목양종의 보더 콜리는 '소리없이 다가감', '눈빛으로 제압하기', '달려가 뒤쫓기' 행동은 보다 강화되었고, 물기, 물어 죽이는 행동은 억제되어 있다(표 5.1).

고양이의 포식행동에 인위적으로 관여한 역사는 없기 때문에, 대부분의 경우 충분한 먹이가 주어진 고양이에서도 포식행동을 보인다.

표 5.1 견종에 따른 포식행동의 차이

견종	행동 종류					
	사냥감 탐색	응시	소리없이 다가감	추적	물기	물어죽임
마렌마 쉽독	−	−	−	−	−	−
골든 리트리버	++				++	
잉글리쉬 포인터	++	++	−	−	++	−
보더 콜리		++	++	++	−	−
웰시 코기	+	+	+	++	++	−
시베리안 허스키	+	+	+	+	+	+

− : 나타나지 않음(행동이 소거됨)
\+ : 나타남
++ : 강하게 나타남(행동이 강화됨)

배설행동

강아지나 고양이가 스스로 배설을 시작하는 것은 이행기 이후부터이다. 근육이나 신경이 발달하지 못했기 때문에, 다 자란 개나 고양이에 비해 비뇨횟수가 많다. 예를 들면, 8주경의 강아지의 배뇨횟수는 평균 1일에 10~15회 정도, 5개월이 되면 6~8회 정도이다. 이 시기의 강아지가 배뇨를 참는 시간은 월령(月齡)+1시간이 기준이 된다. 8주경의 새끼 고양이의 배뇨 횟수는 3~5회 정도이다. 다 자란 개의 생리적인 배뇨횟수는 하루에 3~8회, 다 자란 고양이는 2~3회이다. 중성화하지 않은 수컷, 발정기의 암컷은 표식행동으로써 배뇨를 하기 때문에 횟수가 증가한다. 소형견은 대형견 보다 횟수가 많다. 정상적인 개의 하루 배뇨량은 20~40 ㎖/kg, 고양이는 15~30 ㎖/kg이다. 개는 45~50 ㎖/kg, 고양이는 40 ㎖/kg 이상 시에는 다뇨(多尿)라고 판단할 수 있다. 정상뇨의 비중은 개가 1.015~1.045, 고양이가 1.035~1.060이다.

수캐의 배뇨자세에서 뒷다리 한쪽 만을 높이 들어올리는 자세가 90 %를 차지한다. 중성화 수술을 받은 개도 외부에서 배뇨 시에는 이 자세를 취하는 경우가 많다. 그 외의 자세로 웅크려 앉거나 다리를 약간 드는 경우도 있다. 이 자세는 특히 실내나 부지 내의 좁은 장소에서 배뇨 시 혹은 배뇨를 참고 나서 그 이후에도 볼 수 있다. 암캐는 웅크려 앉거나 약간 뒷다리를 올리는 자세가 대부분이지만, 4세 이상이 되면 수컷처럼 다리를 들어 올리는 개도 있다. 개는 영역에서 멀어지면서 배뇨횟수가 증가하는 경향이 있다. 복종에 따른 배뇨는 강아지에서 자주 볼 수 있는 행동이지만, 매우 복종적인 개의 경우나 개가 공포심을 느끼는 상대 혹은 지배적인 상대에 대해서는 성장 후에도 이러한 복종배뇨를 하는 경우가 있다.

고양이는 화장실이 주어지면 특별한 훈련 없이도 이용 가능하다. 우선 작은 구멍을 파고, 수컷과 암컷 모두 웅크려 몸 뒤쪽을 약간 띄우고, 꼬리를 수평으로 늘려서 배뇨를 하며, 배뇨 후에는 앞다리로 모래를 파내 오줌을 덮는다. 중성화하지 않은 수컷과 발정 중인 암컷, 혹은 불안을 느끼고 있는 고양이는 표식을 목적으로 수직방향 또는 수평방향으로 소량의 오줌이 분사되도록 배뇨한다. 고양이는 한번 사용한 배설장소를 계속해서 이용하는 경향이 높다.

개의 배변은 3개월 정도의 강아지에서 하루에 5~6회, 5개월 정도에서 3~5회, 식후, 놀이 후 등에서 볼 수 있다. 다 자란 개는 하루에 1~3회 정도이다. 개의 배변량은 체중×0.07 kg

BOX 5-2 고양이와 사냥

건강과 공중위생상의 이유로 고양이는 실내사육이 권장되고 있지만, 지방에 가면 아직 자유롭게 바깥출입이 허가되는 반려고양이가 존재한다. 고양이는 개에 비해 사냥이 특기인 것으로 알려져 있다. 아침에 생쥐를 입에 물고 돌아오는 고양이를 보고 놀란 경험을 한 주인이 많다. 고양이는 개와 달리 가축화 과정에서 그다지 변화를 보이지 않았음은 이미 배운 바 있다. 즉, 그들은 야생고양이가 가지고 있던 사냥에 적합한 해부학적 구조와 특징인 날카로운 송곳니, 갈고리 발톱, 발달한 청각과 촉각, 발톱을 감추고 소리 없이 이동하는 능력, 수직 뛰기가 가능한 운동능력 등을 유지하고 있다. 그런데 왜 고양이는 사냥한 쥐를 가지고 돌아오는 걸까? 사냥을 못하는 주인을 가르치기 위해서일까? 안전한 장소에서 식사를 하고 싶기 때문일까? 정답은 알 수 없다. 하지만, 사냥하는 고양이가 살고 있는 집의 50 m 이내에는 생쥐가 살지 않는다고 한다. 지금까지 한 마리 고양이가 4주간 400마리를 사냥했다는 보고도 있다. 고양이는 생쥐집의 출입구를 배설물의 냄새 등으로 찾아내고, 생쥐가 발성하는 고주파 소리나 할퀴는 소리를 듣고 가만히 대기한다. 포식행동에는 아세틸콜린이 관여한다는 사실이 항콜린에스테라아제를 주성분으로 하는 살서제를 먹은 고양이가 이상한 사냥행동을 보이는 것으로부터 밝혀졌다. 사냥을 잘하는 고양이에서 아세틸콜린량이 높은지에 대한 연구는 아직 되고 있지 않았다.

고양이는 밤에 사냥을 하는 동물이라고 생각하기 쉽지만, 한 연구에 따르면 50 %가 낮, 20 %가 어두컴컴한 시간대, 30 %가 야간에 사냥을 한다. 무엇을 사냥하는지, 즉 사냥감의 종류에 따라 사냥 시간이 다른 것으로 알려져 있다. 조류라면 아침, 파충류나 곤충은 낮, 생쥐는 밤이 많다. 사냥 대상의 활동이 가장 왕성한 시간대를 사냥시간으로 하는 것은 확실하다.

양 으로 수컷과 암컷 모두 아치자세로 배변을 많이 하며, 때론 뒷다리를 올린다. 횟수와 양은 먹이 내용물에 따라 변화한다. 중성화하지 않은 수컷에서 배변을 표식으로 이용하는 경우가 있다.

고양이의 배변은 통상 1~2회이다. 자세는 배뇨 시와 비슷하지만, 꼬리를 위아래로 움직이는 행동을 더한다. 영역 외에서 배변 후 숨기지 않는 경우가 많아, 이를 표식으로써 이용하고 있음을 알 수 있다. 자기 집의 화장실에서 배변 후 냄새가 강해지면, 배설장소로 이용하지 않는다. 소변도 이와 같이 화장실 사용을 하지 않기도 한다. 또한 화장실 근처에서 변을 보며, 화장실 안에서 소변을 보는 등 소변과 대변을 다른 장소에서 배설하는 고양이도 있다.

BOX 5-3 고양이의 화장실 상식

고양이가 화장실을 사용하지 않고, 다른 장소에서 배설을 보는 것은 키우는 주인에게 상당한 문제가 된다. 영역표시 행동이나 병이 있는 경우를 제외하고, 많은 원인은 화장실에 대한 불만이라고 한다. 그럼 고양이에게 있어서 편안한 화장실을 제공하기 위한 상식을 정리해 보자.

잘 알려진 대로 고양이는 깨끗한 것을 좋아하는 동물이다. 그 중에는 한번 사용한 후, 배설물이 남겨져 있으면 두 번 다시 사용하지 않는 고양이도 있다. 적어도 매일 1회는 소변·대변을 비우고 매월 1회는 모래를 모두 갈아주는 것이 좋다고 한다.

화장실 수는 고양이 숫자+1개를 준비해 둔다. 대변과 소변을 각각 다른 화장실에 누고 싶은 고양이가 있고, 다른 고양이의 배설물 냄새를 피하고 싶은 고양이도 있기 때문이다. 많은 수를 사육하는 경우에는 화장실을 동일한 장소에 나열해 두는 것이 아니라, 각각 다른 장소, 통로가 여러 개 있는 장소에 설치하는 것이 바람직하다. 싸움을 피해, 사이가 좋지 않은 고양이나 강한 고양이를 피해서 행동하는 고양이가 다른 장소에서 배설해 버리는 것을 피하기 위해서이다. 화장실의 설치장소는 조용한 곳이어야 한다. 세탁기, 창문, 거울 가까이에 두어서는 안 된다. 한번이라도 배설 중에 '공포'라는 감정을 갖게 되면 그 장소에서의 배설을 피하게 된다.

고양이 모래는 여러 가지 종류가 시판되고 있다. 고양이마다 기호성이 다르지만, 대부분의 고양이가 좋아하는 것은 단단하고 작은 입자의 모래(광물성)이다. 모래의 깊이는 2~3 cm가 바람직하다. 화장실은 안정성과 충분한 크기가 필요하며, 냄새나 모래 날림을 방지하기 위한 커버가 붙은 것을 선호하지 않는 고양이가 많다. 고양이는 2개의 화장실을 옆에 나열하면 자신이 마음에 드는 쪽을 이용하기 때문에, 실험적으로 시도해 보면 좋을 수도 있다.

고양이가 화장실을 편하게 사용하고 있다면, 그 고양이는 화장실을 마음에 들어 하는 것으로 여겨도 좋다. 그리고 한번 마음에 든 화장실은 불편함(더러움, 공포스런 생각)을 느끼지 않는 한 계속해서 오랫동안 사용한다. 고양이의 마음에 드는 화장실을 제공하는 것도 꽤나 어려운 일이다.

휴식행동

좌위(座位, 앉기), 횡와(橫臥, 옆으로 눕기)의 좌위는 꼬리를 바닥에 붙이고, 앞다리를 버티고 세워, 뒷다리를 접는 자세로, 강아지나 대퇴관절(고관절)에 문제가 있는 개는 뒷다리를 옆으로 접어 앉는 경향이 있다. 고양이는 꼬리로 몸을 마는 경우가 많다. 횡와에는 다섯가지 자세가 있다. 복장뼈(흉골)를 바닥에 붙여 뒷다리를 배 밑에 접어둔 자세인 '엎드리기'는 곧장 일어서는 행동으로 이동할 수 있는 제일 좋은 자세이다. 고양이는 양 앞다리 모두 접어서 가슴 부위의 아래에 붙인다. 두 번째 자세는 배로 기어다니며 양 앞다리를 앞에, 양쪽 뒷다리를 뒤로 늘어뜨린 자세로 강아지에서 자주 볼 수 있으며, 편안한 상태를 보이고 이대로 깊은 수면에 빠져드는 경우도 많다. 세 번째 자세는 뒷다리를 내밀어 놓고 누워 있는 행동으로 휴식기에 가장 많이 볼 수 있다. 네 번째 자세는 수면 시에 가장 자주 사용되는 것으로 몸의 한쪽 면을 땅에 붙인 측와자세이다. 등뼈를 완만하게 하고 몸을 둥글게 한 후

그림 5.1 측와자세에 의한 휴식. 베개를 좋아하는 개는 많다

그림 5.2 반정도 위를 향한 모습. 안심할 수 있는 장소에서 볼 수 있는 휴식자세

가로로 눕는 행동은 고양이에게서 특히 많이 볼 수 있지만, 개에게서도 한랭시기에 볼 수 있다. 다섯 번째가 위를 향한 자세로 강아지에서 많으나 다 자란 성견에게서도 편안하게 느끼는 장소에서 볼 수 있다.

사육하는 개는 주인으로부터 수 미터 이내에서 주인을 볼 수 있는 장소에서 휴식행동을 취하는 것을 좋아한다. 주인의 부재 시에는 개가 좋아하는 장소, 때로는 주인으로부터 평소 금지되어 있던 장소에서 휴식을 취한다. 한편 고양이는 높은 장소, 포근한 장소를 좋아한다.

신생자는 대부분의 시간을 수면에 사용하며, 수면의 종류는 램수면(REM sleep)이 대부분이다. 체온조절이 가능해 질 때까지 형제들 또는 어미에 바짝 달라붙어 잠을 잔다. 3주 정도 되면 램수면과 논램수면(NREM-sleep)의 비율이 반반이 되며, 8주경에 다 자란 동물과 동일하게 1:3~4 비율로 논램수면이 많아지는 수면패턴이 된다. 개는 사람처럼 장시간 계속해서 자는 것이 아니라, 16분간 수면하고, 5분간 각성을 반복하는 패턴이 외부에서 키우는 개에서 알려져 있다. 개는 이 수면의 60 %를 야간에 사용한다. 소형견과 비교해 대형견의 수면시간, 휴식시간은 길다. 의외인 점으로 고양이는 야간에 3/4 이상의 수면시간을 갖는다고 한다. 수면개시 후 10~30분 정도에 램수면에 들어간다. 수면에서 각성된 고양이는 기지개를 펴며, 가까이 있는 것을 할퀴는 경우가 많다. 나이가 들면 대부분의 동물들에서 논램수면의 제1상(꾸벅꾸벅 졸기)이 늘어나기 때문에, 수면시간 자체도 전체적으로 연장되고, 제4상(깊은 수면)은 감소하며, 램수면은 대부분 소실된다. 즉, 수면의 질 저하가 명확해지게 된다. 수면장애로 나르콜렙시(narcolepsy: 수면 발작병)가 푸들(poodle), 레브라도 리트리버(Labrador Retriever)에서는 4주 정도부터, 도베르만(Dobermann)이나 닥스훈트(Dachshund)에서는 14주 정도부터 볼 수 있다.

그루밍행동(Grooming 털고르기)

개, 고양이도 혀·이빨·앞다리·뒷다리를 이용해 그루밍행동을 한다. 또한 드러누워 몸을 비비는 행동이나 몸 전체를 강하게 떠는 행동도 그루밍행동에 포함된다. 그루밍행동은 피부와 털의 청결을 유지하며, 외부 기생충의 제거, 떨어진 털의 제거, 오염과 냄새 제거 등의 목적으로 실시한다. 개는 몸의 등부분이나 뒷부분의 일부를 스스로 그루밍행동을 하는 것이 불가능하지만, 고양이는 몸의 대부분을 스스로 그루밍행동을 하는 것이 가능하다. 고양이는 일어나 있는 시간의 30~50 %의 시간을 그루밍행동에 사용하고 있다고 한다. 고양이는 생후 2주경부터 스스로 그루밍행동을 하는 것을 볼 수 있다. 혀에 의한 그루밍행동이 주가 되며, 앞니는 피부에 붙은 털에서 부착물을 제거하거나, 털의 엉킴을 제거하거나 하는 데 이용된다. 게다가 앞다리, 뒷다리를 핥으면서 그루밍행동을 하지만, 개에서는 이 행동이 거의 나타나지 않는다. 고양이는 혀로 하는 그루밍행동이 원인이 되어 발병하는 모구증(Hairball: 고양이가 그루밍 하면서 삼킨 털이 소화기관 내에서 뭉쳐져 발병하는 병)이 문제가 되는 경우가 많다.

그루밍행동의 다른 목적으로는 가려움에 대한 반응, 상처 핥기, 어미에 의한 이행기 전까지의 강아지나 새끼 고양이의 배설자극 등이 있다. 스트레스 상황에서의 전위행동으로 몸의 일부분을 핥거나 긁는 행동도 볼 수 있다. 예를 들면, 야단맞은 후에 뒷다리로 긁거나 몸을 핥는 행위는 개와 고양이에서 자주 발견된다.

BOX 5-4 램수면(REM sleep)과 논램수면(NREM-sleep)

램수면(REM sleep)은 Rapid Eye Movement로 REM이라고 표기한다. 잠자고 있는 동안에 안구가 각성기관과 동일하게 움직이고 있는 것에서 유래한다. 안구뿐 만 아니라, 뇌파도 상당히 격렬하게 움직이며, 호흡수나 심박수의 증가, 혈압상승, 발한 등도 볼 수 있다. 신체의 수면이라고도 불리며, 이 수면을 통해 일시적인 기억이 장기기억으로 변화될 수도 있다. 한편, 논램수면(NREM-sleep)은 뇌의 수면이라고 불리며, 조류와 포유류만이 갖는 수면이다.

제6장

학습이론

개나 고양이의 행동은 본래의 모습에서 학습을 거쳐 크게 변화한다. 이 학습의 메커니즘을 이해하는 것은 문제행동의 발현을 이해하고, 문제행동의 치료 프로그램 작성을 위한 근간이 된다. 이 때문에 학습이론은 이 교과서에서 가장 중요한 장이라고 말할 수 있다.

6

학습이론

머리말

동물은 각각 종 특유의 행동양식을 발달시켜 왔으며, 문제행동의 표현에 유전적인 요소와 환경에서의 학습 요소가 상호작용한다. 즉, 하나의 문제행동을 해결하기 위해서는 앞에서 기술한 것처럼, 그 동물이 가지고 있는 본래의 행동 패턴(야생상태에서 그러한 행동은 무엇 때문인지), 학습에 의한 변화(어떠한 경험에서 그러한 행동은 변화하는지), 그 동물의 나이, 행동의 진화적 의의 4가지 측면에서 이해하는 것을 기본으로 하며, 문제행동의 수정 및 치료에 학습이론이 필수가 된다.

가장 간단한 학습행동은 습관(순화)이다. 순화(馴化)란 무조건반사에 동반되는 반응의 감퇴를 말하며, 행동을 유발하는 자극이 반복되면, 이로 인한 반응이 차례로 줄어들게 된다. 자극이 약할수록 순화의 속도는 빠르다. 순화된 반응은 시간이 흐르면 차차 회복되고 원래의 문제행동을 일으키게 된다. 이것을 자발적 회복이라고 부른다.

행동은 생득적 행동과 습득적 행동(학습행동)이 있다. 생득적 행동은 대부분 유전정보로 기록되어 있어, 개체의 발육단계에 맞춰 사회경험이 없어도 발현되는 행동을 말한다. 같은 종 사이에는 경험에 의존하지 않기 때문에, 개체차이가 적다. 주향성(주광성, 주습성, 동성(動性)), 무조건반사(경악반사[4], 정위반사[5], 동공반사, 무릎반사), 일부의 본능적 행동(먹이섭취행동, 성행동, 영역표시행동) 등은 생득적 행동의 요소가 강하다. 그것에 비해 습득적 행동은 개체의 경험에 따라 행동을 적응적으로 변형시켜 나타나는 것을 말한다. 경험에 의

---

[4] **Startle reflex:** 갑작스러운 커다란 소리와 같은 강한 자극에 빠른 반응을 보이는 것

[5] **Righting Reflex:** 높은 곳에서 등 쪽으로 떨어졌을 때, 몸을 비틀어 자세를 바로 잡는 행동

존하기 때문에, 같은 종 사이에도 개체차가 크게 나타난다. 순화, 감작[6], 조건화, 관찰학습 등에 의해 얻어지는 행동은 습득적 행동의 예이다. 습득적 학습능력에는 본질적 요인(어느 정도 유전에 의해 결정되는 학습능력)으로 성차, 계통차이, 선천적인 기질 등이 크게 관련되어 있다. 이 때문에 강화물이나 시간관계 등의 외부요인만으로는 학습능력을 통제할 수 없다.

자극에 대한 학습행동

앞으로 서술할 고전적 조건화뿐만 아니라, 도구적 조건화(operant conditioning)에 있어서도 외부의 자극에 대한 학습행동은 여러 가지 상황에 따라 변화한다. 중요한 변화에는 아래의 것들이 있다.

그림 6.1 자극반화의 예, 초인종 소리가 싫은 개는 초인종 소리가 날 때마다 짖게 된다(강화학습). 최종적으로 짖는 행동이 획득된 후, 초인종 소리와 비슷한 전화벨이나 자명종 소리에 대해서도 짖게 된다. 이처럼 비슷한 자극(유사자극)에 대해서 동일한 행동반응을 나타내는 것이 자극반화이다.

[6] **Sensitization**: 생물체에 어떤 항원(抗原)을 넣어 그 항원에 대하여 민감한 상태로 만드는 일

자극반화

자극반화(그림 6.1)는, 유사자극에 대해 민감화되는 것, 또는 적응된 자극과 유사자극에 대해 반응이 감소하는 것을 말한다. 고전적 조건화나 도구적 조건화에서 조건화 과정에 있어서도 볼 수 있다. 예를 들면, 막대로 맞았던 경험이 있는 개가 막대와 비슷한 것에 대해 공포반응을 표현하게 되는 것은 자극반화의 예이다.

탈순화(Deacclimation)

탈순화는 순화과정에서 반복되며 얻어진 자극과 다른 자극을 주면, 반응성이 회복되는 것을 의미한다. 현관 벨소리에 짖는 개에게 벨소리를 녹음해 몇 번이나 들려주어 반응을 저하시킨 상태라도, 전화소리를 들려주는 것으로 반응이 회복되어 버리는 경우를 탈순화 되었다고 한다.

예측과 순화

예측과 순화란, 순화과정에 있어서 일정한 간격의 테스트 자극을 단계적으로 제시하면 초기의 테스트 자극에 대한 반응성이 약해지는 것이다. 앞에서 이야기한 벨소리에 대해 짖는 개에게 벨소리를 녹음해 차례로 음을 크게 하면서 몇 번이나 들려주면 최종적으로

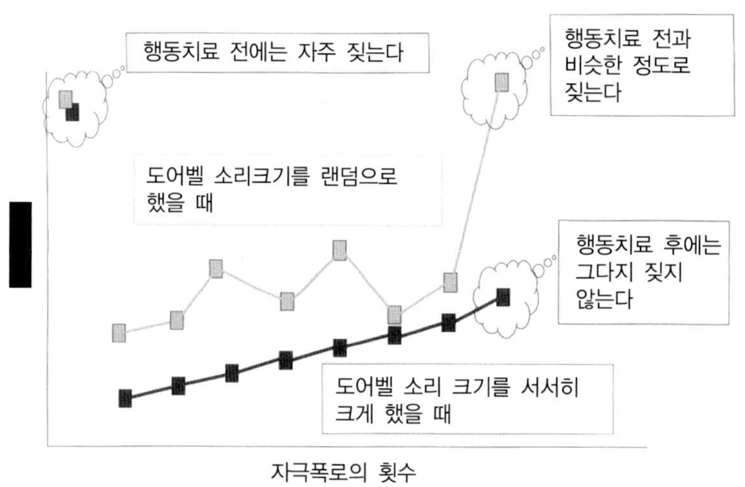

그림 6.2 벨소리에 반응해 짖어대는 개에게 벨소리를 녹음해서, 작은 소리순으로 순화를 실시하면, 본래 벨소리 크기에 대해서도 불필요한 짖기가 줄어든다. 그러나 소리의 크기를 랜덤으로 한 경우에는 예측과 순화가 나타나지 않고, 벨소리에 대해서 본래의 불필요한 짖기행동이 다시 나타나 버린다.

본래의 벨소리 크기에 대한 반응을 약하게 할 수 있는 경우를 예측과 순화라 한다(그림 6.2).

감작(感作)

감작(感作)이란 굉장히 강한 자극을 받은 후, 순화되지 않고 역효과로서 반응성이 높아지는 것이다. 예를 들면, 사람이 있어서 대지진을 경험한 후에 미약한 여진에 대해서도 공포 반응을 나타내게 되는 것이 감작이다. 또한 사회적 스트레스는 적응되는 경우가 거의 없고, 스트레스 감작이 생기는 경우가 많다. 즉 주인으로부터의 처벌이나 폭력 등은 개의 공포행동을 악화시키게 된다. 그 외, 사회 스트레스로는 모자분리, 사회적 패배, 사회적 격리 등을 예로 들 수 있다.

자극의 은폐와 저지

은폐란 2개의 조건자극이 동시에 제시되는 경우, 자극이 보다 강한 쪽과의 관련기억이 형성되는 것을 의미한다. 또한 저지란 먼저 형성된 조건자극과 무조건자극 사이의 관련학습이 그 후의 다른 조건자극에 의한 조건화를 방해하는 것을 말한다. 소리에 의한 명령과 수신호로 개를 훈련시키고 싶은 경우에는 처음부터 양쪽의 자극을 이용하는 편이 보다 효과가 높고, 한쪽을 먼저 훈련시키면 이후의 다른 한쪽은 기억하기 어려워진다.

고전적 조건화

중성자극을 무조건 자극과 짝을 지어 제시하고, 무조건반응과 같은 반응을 중성자극 제시에 따라 조건반응으로 유발할 수 있게 되는 것을 고전적 조건화라고 한다. 이른바 '치환의 원리'에 따라, 무조건자극이 조건자극으로 전화되는 것, 반응자라고도 불린다. 파블로프(Ivan Petrovich)의 개 실험이 유명한데, 이 실험에서는 개에게 메트로놈 소리(중성자극)와 먹이(무조건자극)를 동시에 주는 것을 반복하는 사이에, 개가 메트로놈 소리에 대해서도 타액분비(무조건반응과 조건반응)를 하게 되는 것을 나타낸다(그림 6.3). 이와 같은 고전적 조건화는 연체동물에서도 즉시 학습하는 것으로 알려져 있으며, 학습행동의 기초 중 하나이다.

BOX 6-1 공포조건화

문제행동의 배경으로 공포조건화의 학습을 하고 있는 개와 고양이는 많다. 공포조건화란 개나 고양이가 신체적 폭력이나 사회적 격리 등을 경험한 경우에 경험했던 외적 환경(맥락)을 구체적으로 잘 기억하고, 그 후에 공포반응을 나타내는 것을 말한다. 예를 들면 막대로 맞았던 개가 이후 막대와 비슷한 것인 빗자루나 봉, 파이프 등에 대해서도 굉장한 공포를 나타내는 경우가 이것에 해당한다. 또한 이 공포체험의 상황, 도로 위에서 있었다면 그 장소, 가까이 있던 자동차나 경적 소리, 나무의 냄새나 때린 상대의 모습, 그 외 각각의 상황(맥락)에 대해서도 공포체험의 사건과 관련해서 기억하고 공포반응을 나타내게 되는 경우가 있다. 이러한 공포조건화의 치료는 노력이 필요하다. 우선 소거저항이 강해 맥락(공포조건화 순서)을 일정화 시키지 않으면 소거되기 어렵다. 그러나 행동치료 시에 맥락을 같게 해 소거를 실시하면 그 맥락에서만 공포반응이 감소하게 되는데, 다른 비슷한 상황이 되었을 때 탈순화가 생겨서 결과적으로는 공포반응이 재발된다. 또한 일정시간 경과 후에 자발적 회복도 강해진다. 더욱이 자극반화도 일어나기 쉽다. 이처럼 공포조건화 된 동물의 문제행동의 치료는 어려워진다.

공포조건화. 이전에 산책 중에 물린 경험이 공포조건화되어, '흰개는 무섭다'라는 생각을 조건화 시켜버린다.

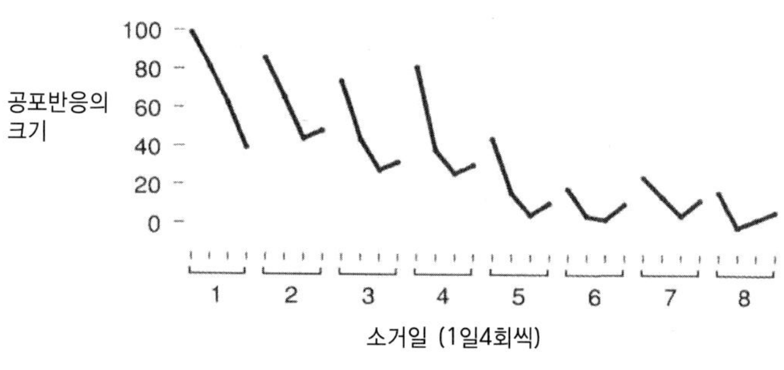

공포조건화의 소거저항. 예를 들면 막대로 구타당한 개가 그 후 비슷한 막대모양의 물건에 대해 비정상적으로 공포를 보일 때, 비슷하게 구타당했던 상황을 재현해서(맥락을 일치시킨다) 봉으로 때리지 않는 소거과정을 거치더라도, 다음날에는 자발적 회복이 인정된다. 또 소거에 걸리는 시간도 한 번의 공포조건화에서 1주일 이상을 필요로 한다. 맥락을 일치시키지 않으면 더욱 소거일수가 필요하게 되지만, 소거시에는 맥락을 바꾸면 효과가 없어져 공포조건화의 소거를 어렵게 하고 있다.

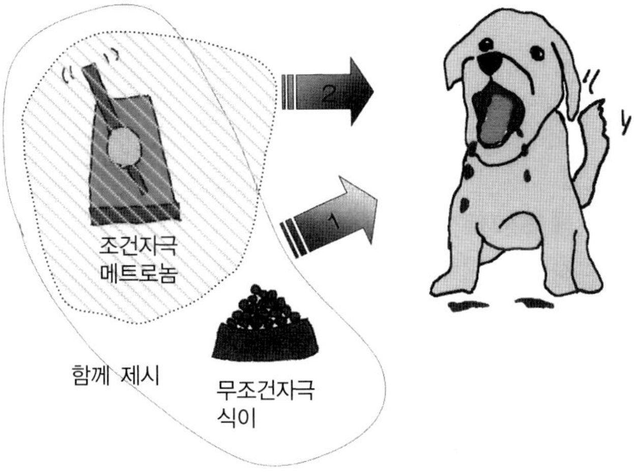

그림 6.3 파블로프의 조건화. 처음 무조건자극인 먹이와 조건자극인 메트로놈소리를 개에게 짝지어 제시한다(1번 화살표). 개는 먹이가 제시되었기 때문에, 무조건반사로 타액을 분비한다(무조건반응). 얼마간 반복한 후, 개는 중성자극인 메트로놈의 소리를 듣는 것만으로도, 타액을 분비하게 된다(2번 화살표, 조건반응). 이 과정을 고전적 조건화라고 부른다.

도구적 조건화

어떤 자발적으로 생긴 행동에 대해서 강화물, 혹은 혐오자극을 부수적으로 제시함에 따라 그 행동의 발현이 증감(증가하는 경우를 강화, 줄어드는 경우를 처벌)하게 된다. 고전적 조건화와는 달리, 도구적 조건화에는 통상 그것을 '유발하는' 생득적인 자극(무조건자극)은 존재하지 않는다. 도구적 행동은 개체가 자발적으로 하는 행동이다. 도구적 조건화는 이 자발된 행동과 함께 나타나는 인자와의 관계가 중요하며, 이것을 행동수반성이라고 한다. 손다이크(Edward Lee Thorndike)의 고양이 실험이 유명하며, 이 실험에서 고양이를 사육하기 위해 작은 우리에 넣어 두고, 출입문에 붙어 있는 끈을 당기며 노는 사이에 문이 우연히 열렸다. 우연히 열린 문에서 빠져 나온 것이 강화물이 되어, 고양이는 단시간에 문을 여는 것을 학습하게 되었다. 고전적 조건화와 같은 양상으로 학습곡선을 묘사할 수 있다. 동물의 습득적 행동의 대부분은 고전적 조건화와 도구적 조건화가 혼재되어 나타난다. 이들 2개의 조건화에 대해서 알아 두는 것이 문제행동의 이해와 치료에 있어서도 유익하다.

조건화와 관련된 요인

도구적 조건화에서 중요한 강화와 처벌에는, 강화물과 혐오자극의 강도나 타이밍, 빈도 등이 학습의 속도에 크게 영향을 미친다. 또한 이처럼 자극과 행동반응의 강도나 타이밍, 빈도, 시간적 관련성은 고전적 조건화에 있어서도 학습곡선을 촉진 또는 억제하는 것으로 알려져 있으며, 학습의 기초적인 인자가 된다.

강화

동물에게 있어서 쾌자극이 되는 것, 보수성이 있는 것은 강화가 되기 쉽다. 예를 들어 개나 고양이에게 있어서 놀이, 먹이, 간식 등이 된다. 이들 강화물을 제시함에 따라 도구적 행동의 자발빈도를 높이는 절차를 강화라고 한다. 예를 들어, 개에게 앉기를 가르치는 경우 앉아 있을 때에 강화물로 간식을 주면 앉는 행동의 발현빈도가 상승하는 등 강화가 된다.

처벌

동물에게 있어서 혐오자극이 되는 것, 회피행동을 일으키게 하는 것은 혐오자극이 된다. 도구적 조건화에 있어서 혐오자극을 자발적 행동에 함께 제시함에 따라, 도구적 행동의 자발빈도를 저하시키는 것을 처벌이라고 한다. 강화와 정반대의 효과를 갖도록 여겨져 바람직하지 못한 행동의 제어에 사용되지만, 그 사용에는 충분한 주의가 필요하다. 왜냐하면 처벌의 적응에 따라 학습성 무력증의 행동억제, 부차적 또는 직접적인 정서반응(공포, 분노, 갈등반응 등)이 생기는 경우가 있기 때문이다. 또한 동물의 복지적 측면에서, 주인과 동물과의 관계 면에서도 사용을 피하는 편이 바람직하다.

정적강화·부적강화와 정적처벌·부적처벌

'정적(正的)'이란 수반성 자극이 출현하는 것을 의미하며, '부적(負的)'이란 자극이 소실되는 것을 의미한다. 앞서 이야기한 강화와 처벌의 의미와 합쳐서 생각해 보면, 도구적 조건화에서는, 이 4가지 타입이 존재하게 된다(표 6.1). 즉 강화물의 출현에 따른 행동의 강화(정적강화), 강화물의 소실에 따른 처벌(부적처벌), 혐오자극의 출현에 따른 처벌(정적처벌), 혐오자극의 소실에 따른 강화(부적강화)가 된다. 예를 들어 정적강화란 개가 앉는 행동을 해서 먹이를 줄 때, 먹이가 강화물이 되고 앉는 행동이 강화된 것이다. 부적강화란 자전거 소리에 짖었을 때, 자전거가 아무 일 없이 지나간 것이 혐오자극의 소실이 되어 짖는 것이 강화되는 것을 말한다. 정적처벌이란, 전기코드를 만져서 뜨거웠을 때, 뜨거운 것이 혐오자극이 되어 전기코드를 만지지 않게 되는 것이다. 부적처벌이란 짖을 때 주인이 무시하는 경우 주인의 주목이라는 강화물이 소실되어, 짖지 않게 되는 것이다.

표 6.1 도구적 조건화에 있어서 4가지 학습

	이후 반응이 증가	이후 반응이 감소
반응에 따른 자극이 출현	정적강화(먹이 등)	정적처벌(때리거나 넘어뜨림)
반응에 따른 자극이 소실	부적강화(영역표시, 짖음)	부적처벌(타임 아웃)

	쾌자극	혐오자극
제공	반응 증가(정적강화)	반응 감소(정적처벌)
제거	반응 감소(부적처벌)	반응 증가(부적강화)

집중학습과 분산학습

적응을 비롯해 고전적 조건화나 도구적 조건화에 있어서도, 학습기간을 상세하게 분산

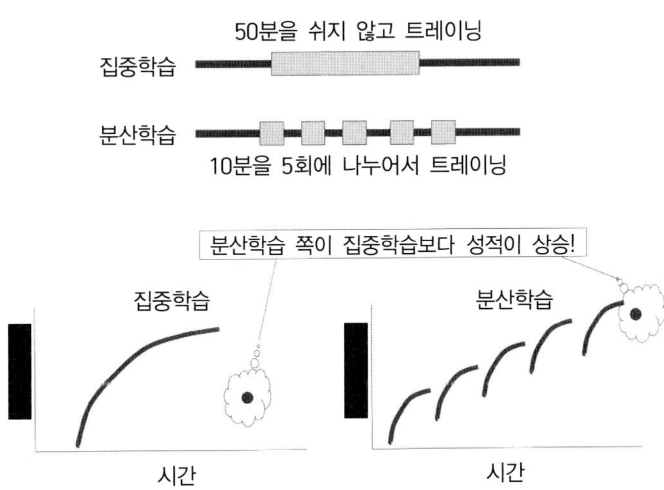

그림 6.4 집중학습과 분산학습. 집중학습과 분산학습의 어느 쪽이 보다 효과적인지에 대해서는 순화이외에도 여러 가지 학습에서 검토되어야 한다. 일반적으로 분산학습 쪽이 집중학습보다도 효과적이지만, 학습과제의 성질, 난이도, 학습자의 동기부여, 시행간격 중 학습자의 활동 등의 영향을 받는다. 또한 시행간격이 길어지면 망각이 일어나 오히려 학습효과는 악화된다.

시켜 빈도를 높인 쪽이, 한 번에 집중시켜 장시간 학습시키는 것보다 학습효율이 높다(그림 6.4). 개나 고양이에게 어떠한 훈련을 실시해도, 10~15분 정도의 기간을 하루에 여러 번 반복하는 편이, 한번에 30분이나 60분 훈련을 하는 것보다 훨씬 학습효율이 높다. 초기 훈련, 과민성 제거 등의 행동수정법을 실시할 때 분산학습을 함으로써 그 효과를 높일 수 있다.

전(全, 연속)강화와 부분(간헐) 강화

고전적 조건화에 있어서는, 조건자극과 무조건자극을 매번 연합해서 제시하는 것을 연속강화, 간헐적으로 무조건자극을 소거하는 것을 부분강화라고 한다(그림 6.5). 도구적 조건화는 반응에 대해 강화물을 매회 제시하는 것이 연속강화, 간헐적으로 제거하는 것을 부분강화라고 한다. 조건화의 학습속도에 있어서는 연속강화가 부분강화보다 효과가 좋다. 그러나 소거저항은 부분강화가 연속강화보다 효과가 좋기 때문에, 행동을 고정화시키기 위해서는 연속강화 후에 부분강화를 실시하는 것이 바람직하다. 문제행동의 출현과 관련해서, 부분강

그림 6.5 자전거를 무서워하는 개가 자전거를 향해서 짖고 있다. 대개의 경우(그림 위와 아래부분) 짖고 있으면 자전거는 앞을 통과해서 지나간다(혐오자극의 소거). 그러나 때론 짖고 있는 개에게 자전거가 가까이 접근해 오는 경우도 있다(중간부분). 이와 같이 때때로 짖으며 자전거가 멀리 가는 경우 개의 짖는 행동은 부분강화를 받아, 더욱더 강하게 짖게 된다.

화가 혼재되어 있으면 소거가 곤란하기 때문에 주의가 필요하다. 예를 들면, 산책을 원해 짖는 개에 대해서 주인이 무시하려고 노력하다가도, 어떤 때는 짖는 소리가 너무 시끄러워서 결국 그 요구에 응해 산책을 데리고 나가는 경우, 짖는 행동이 부분강화가 된다.

고정비율간격과 변동비율간격

부분강화 방법에는 고정비율을 사용하는 경우와 변동비율을 사용하는 경우가 있다. 고정비율은 예를 들어 5회에 1회 비율로 정기적으로 강화물을 준다. 변동비율은 같은 5회에 1회의 강화를 실시해도 그 1회가 언제 나타나는지 불규칙적이어서 예측하기 힘들다. 이 때문에, 고정비율을 이용한 조건화는 강화직후에는 대부분 반응이 생기지 않고 강화 후 반응휴지를 볼 수 있는 것에 반해, 변동비율을 이용한 조건화는 예측 불가능으로 인해, 반응이 지속된다. 목적 행동을 항상 나타내고 싶은 경우에는 변동비율간격을 이용하는 편이 바람직하다(그림 6.6).

그림 6.6 윗 부분은 대부분의 행동에 대해서 강화물이 출현하고 있다(연속강화). 중간 부분은 2회에 1회 비율로 출현하고 있다(고정비율간격). 아래 부분은 4회에 2회의 비율로 강화물이 출현하고 있지만, 출현시기는 불규칙적으로 되어 있다(변동비율간격). 연속강화는 학습자체는 빠르지만, 소거도 빠르다. 부분강화는 학습은 느리지만, 소거저항이 높아진다.

순행조건화와 역행조건화

고전적 조건화나 도구적 조건화에 있어서 자극제시부터 반응까지(고전적 조건화), 또는 부수적으로 따르는 강화물이나 혐오자극의 발현까지의 타이밍이 학습효율을 변화시킨다. 순행조건화란 조건자극이 무조건자극에 선행하는 것으로 학습이 성립된다. 역행조건화란 무조건자극이 조건자극보다 선행하는 것으로, 이 경우는 학습의 성립에 방해가 된다. 또한 두 자극 사이의 간격은 짧은 편이 효과적이다. 특히 혐오자극의 타이밍은 순행조건화에서, 그 간격이 매우 짧거나, 동시에 일어나는(동시에 조건화 된)경우에만 유효하고(즉시 처벌), 후에 혐오자극을 줘도(지연 처벌) 효과는 없다. 예를 들면, 개가 주인이 없을 때 실수(대·소변을 지림)한 후, 주인이 귀가 했을 때 들켜서 혼이나도 전혀 효과가 없다. 실수하고 있는 그 순간 야단쳐야 한다.

소거

고전적 조건화 혹은 도구적 조건화의 학습과정을 거쳐 얻은 행동이 소거과정을 거치면서 발현이 사라지게 되는 것을 소거라고 한다. 고전적 조건화의 소거과정은 조건자극과 무조건자극의 연합제시를 중지하고, 조건자극만 반복해서 제시한다. 예를 들면 벨소리와 먹이를 조합해서 고전적 조건화 한 후에, 벨소리를 울려도 절대로 먹이를 주지 않으면 벨소리에 개가 반응하지 않게 되는 것이 소거이다. 도구적 조건화는 강화물 또는 혐오자극의 제시를 중지하는 것이다. 예를 들어, 지금까지 '앉아'를 하면 간식을 받을 수 있었는데, 간식을 받지 못하게 되어 '앉아'를 하지 않게 되는 것이 소거이다. 또 조건반응이 소실된 후에 일정기간을 두고 조건자극이나 강화물, 혐오자극을 제시하면 조건반응을 보이게 되는데, 이를 자발적 회복이라고 부른다. 소거는 기억이 소거되는 것이 아니라, '지금까지 벨소리와 먹이가 동시에 주어졌는데 최근에는 벨소리만 제시한다'라는 재학습을 하는 것을 의미한다. 소거된 행동과 기억이 없어지는 것(망각)은 별개의 것이므로 주의해야한다. 예를 들면 공포조건화(BOX 6-1)가 된 개에 대해서 행동수정을 실시, 공포행동을 소거시키는 것은 가능하나, 그 개가 공포기억을 망각하는 것이 아니라 재연되는 것임을 충분히 유의하고, 행동이 개선된 후에도 개를 다룰 때에는 항상 주의가 필요하다.

소거격발(extinction burst)[7]

도구적 조건화가 성립된 후, 강화에서 소거로의 절차를 변경한 직후에 행동의 반응이 증강한다. 이 증강을 소거격발(Extinction burst)이라고 부른다. 또한 강화된 행동을 소거하는 경우, 다른 행동(대체행동)의 발현이 증가하는 경우가 많아, 결국 문제행동의 치료를 위해 강화된 행동을 소거하는 경우에는 주의가 필요하다. 예를 들어, 꼬리물기행동을 하고 있는 개의 문제행동치료를 실시하는 경우, 소거되기보다 공격행동이나 파괴행동으로 바뀌는 경우가 있다.

7 **Extinction burst**: 소거 과정 동안 일시적으로 강화되지 않은 행동의 빈도, 지속 시간, 강도 등이 증가하는 현상이다

외적억제[8]와 탈억제

소거과정에 있어서 초기 소거과정은 다른 중성자극과 조건자극을 연합해서 제시하면 조건반응이 저하된다. 이것을 외적억제라고 부른다. 또한 소거가 완료된 상태에서는 다른 중성자극과 조건자극을 쌍으로 제시하는 것으로, 반응성이 회복된다. 이것을 탈억제라고 부른다. 예를 들어 벨소리와 먹이로 조건화 된 개의 행동반응을 소거한다면, 소거개시 시기에 조건자극인 벨소리와 중성자극인 빛을 동시에 주면 행동은 더욱더 저하된다(외적억제). 그러나 소거가 진행되어, 조건자극인 벨소리에 반응하지 않게 된 개에게 벨소리와 빛을 동시에 제시하면 행동이 회복된다(탈억제).

그 외의 조건화에 따른 행동 변화

반응형성(Shaping)

자발적발현의 수준이 낮은 행동을 조건화시키는 경우에 이용한다. 구체적으로는 생득적 행동이나 고전적 조건화를 이용한 자동반응형성에서 신체적유도법, 모델링법, 관찰학습, 수차접근법을 이용해 목적하는 행동으로 전이시킨다. 중요한 요소로서는 우선 조건화 된 행

소거

망각

[8] External inhibition: 무한한 새로운 자극이 조건 자극과 함께 제시되면 조건 형성된 반응이 억제되는 일

동을 일단 소거시키고, 목적에 가까운 행동을 강화하는 것이다. 돌고래의 곡예나 도우미견[9]의 훈련에도 이용되는 방법이다. 또한 문제행동의 소거시 대체행동의 분화강화에도 이용되는 방법이다.

분화조건화(자극분화)

2종류의 조건자극을 한 쪽은 무조건자극과 쌍으로 제시하고, 다른 한 쪽은 조건자극만 제시하면, 조건화의 초기에는 반화가 일어나 양쪽의 조건자극에 대해서 조건반응이 형성되지만, 이윽고 무조건 자극과 쌍으로 제시되는 조건자극에만 반응이 일어나게 되어 다른 한 쪽에는 반응이 없어지게 된다. 이와 같이, 2개의 자극을 각각의 자극으로 조건화하는 것을 분화조건화라고 한다.

BOX 6-2 실험적신경증

파블로프(Ivan Petrovich)는 분화조건화를 개를 이용해 실시했다. 구체적으로는 타원과 원형을 분화조건화시켜, 차례로 타원을 원형에 가깝게 했다. 그러자 타원의 긴 지름과 짧은 지름의 비율이 8:9가 되는 지점에서, 개는 변별할 수 있게 되고, 그때까지 조용했던 개는 실험 중에 짖으며 날뛰게 되었다. 더욱더, 이전에 분별할 수 있던 원과 2:1의 타원의 변별학습도 붕괴되어 새롭게 변별시키는데 오랜 시간을 필요하게 되었다. 파블로프는 이와 같은 이상행동은 사람의 신경증과 유사한 병적상태라고 보고, 이것을 실험적신경증이라고 명명했다.

고차조건화

조건자극과 무조건자극을 짝지어 제시에 의해 조건반응을 형성한 후, 새로운 조건자극을 이미 조건화된 조건자극과 연합해 제시해, 새로운 조건화를 실시하는 것을 말한다. 예를 들어, 벨소리로 먹이가 나온다는 것이 조건화 되어 학습이 성립된 후에, 벨소리가 울리기 전에 라이트를 켜서, 라이트가 켜지면 벨소리가 울리고, 먹이가 나온다는 연관학습은 2차조건화의 절차를 거친다고 할 수 있다. 개의 경우는 5차까지 조건화가 가능해 진다.

9 장애인을 안내하거나 도와주는 개

BOX 6-3 왜 처벌을 이용한 훈련은 바람직하지 못한가?

처벌을 이용한 훈련은 개의 복지적 측면에서, 혹은 그 효과나 부수적 효과 면에서도 삼가야 한다. 처벌을 이용한 행동치료가 효과가 있는 경우도 있지만, 정적강화를 이용한 것과 비교해 보면 처벌을 사용한 경우에는 세심한 주의가 필요하게 된다. 처벌의 사용에는 절대적인 정확성이 요구되며, 동물에 대한 악영향도 고려되어야만 한다. 다음 내용은 처벌을 이용할 때에 반드시 유의해야할 점으로 미국 수의동물행동학연구회(AVSAB)의 논평을 간략하게 인용한다. 또한 부록도 참고 바란다.

(1) **타이밍의 어려움:** 동물에게 처벌을 하는 경우에는 행동발현과 혐오자극 제시를 매우 엄밀하게 실시하고, 연관성이 있어야만 한다. 보통은 행동발현부터 1초 이내에 혐오자극의 제시가 필수적이다.

(2) **처벌을 이용하는 것에 따라 적절한 행동의 증강:** 처벌을 이용해 장기적인 행동수정을 실시하는 경우, 부적절한 행동을 발견할 때마다 반드시 처벌을 이용하지 않으면 효과를 얻을 수 없다. 그러나 부적절한 행동의 출현 대부분에 처벌을 부과할 수 없는 경우에는 부과할 수 없을 때에 보수효과를 얻는 것과 연결된다. 이 부분적인 보수는 행동의 강화를 만들고, 결과적으로 부적절한 행동의 증가와 연결된다. 이것은 바로 부분강화의 진행으로 된다.

(3) **처벌의 적절한 강도:** 최초의 처벌자극에서 효과적인 강도를 유지하는 것이 필요하다. 만약 강도가 불충분한 경우, 동물은 그 처벌에 대해 익숙해져 버리고, 그 강도의 처벌에는 이 후 효과를 얻을 수 없게 된다. 효과를 얻을 수 없게 되므로 주인은 더욱더 처벌의 강도를 강하게 하게 된다. 이처럼 단계적으로 처벌의 강도를 상승시키는 것은 최종적으로 강한 체벌을 주게 되어, 결과적으로 동물을 깊게 상처 입히는 상황으로 연결된다.

(4) **처벌자극에 따른 신체적 손상:** 많은 처벌자극이 강한 강도로 주어지게 되면 신체적으로 상해가 생기는 경우가 있다. 예를 들면 초크체인(올가미식 개 목걸이)을 이용하는 경우에는, 기관의 상해나 호너증후군(성상신경절의 침투나 안검하수, 축동 등을 동반하는 신경섬유상해), 단두견종短頭犬種에서 폐수종, 안압이 높은 개에서 녹내장의 악화 등의 가능성을 고려해야만 한다.

(5) **처벌에 의한 공포반응의 증강:** 처벌의 강도와 관련 없이 그 사용은 개를 더욱더 공포상태에 빠뜨리는 경우가 있다. 또한 이 공포반응은 다른 맥락에 반화般化할 가능성이 높다. 예를 들면, 어떤 소리가 난 후에 시트로넬라 교정칼라(짖음방지기, Citronella spray collar, anti bark spray collar)나 전기충격을 사용하면, 개는 시계의 알람이나 연기 탐지기, 타이머 소리에 대해 공포반응을 나타내게 된다.

(6) **처벌에 의한 개의 공격성 증가:** 처벌자극이 공격을 증가시키는 것은 다른 동물에서도 이미 보고되고 있다. 처벌자극에 따라 즉시 부적절한 행동이 억제되지 않는 경우, 개가 처벌자극에서 도피하기 위해서 공격적이 된다고 여겨진다. 특히, 공격경험이 있는 개는 공격의 증가가 강해져 사람에게 해를 입힐 가능성이 높다.

(7) **처벌에 의한 돌발적인 공격의 유발:** 처벌자극에 의해 개의 공격 전 위협행동도 동시에 억제되는 경우가 있다. 처벌이 효과적으로 부여되는 경우, 불안이나 공격적인 행동은 억제될 수도 있지만, 그 배경이 되는 불안이나 공격을 야기하는 연합기억은 영향을 받지 않을 가능성이 높다. 이것은 문제해결의 근본 치료법이 되지 않는다. 예를 들어, 공포성으로 인한 공격행동을 억제하기 위해 처벌에 의한 행동수정법을 실시했을 때, 공포반응의 발현이 처벌을 줌으로써 잘 억제될 수 있다고 해도 개의 공포반응을 최소한으로 억제하지 않는 상황이 되면, 아마 그 개는 곧 격렬한 공격성을 보일지도 모른다. 또한 그 때에는 위협 등의 경계행동을 나타내지 않고 갑자기 공격적이 된다.

(8) 처벌을 이용하는 것에 의한 부적절한 연합학습: 처벌의 강도와 관계없이 개는 처벌을 주는 사람, 혹은 주위의 상황과 처벌자극을 연합학습을 할 가능성이 있다. 예를 들어 불러서 주인 앞으로 오게 하는 연습을 할 때 처벌을 이용한 경우, 개는 즐겁게 주인의 앞에 달려오는 것이 아니라, 오히려 빠른 보행 혹은 느린 보행, 어쩌면 공포로 인해 몸을 움츠리며 주인 앞으로 오게 된다. 혐오적인 연합기억을 형성하는 것은 개뿐만 아니라, 주인도 동시에 그와 같은 기억형성을 할 가능성이 높다. 처벌할 때, 주인은 화를 내는 경우가 있으며, 처벌한 이후 화가 누그러지는 그 자체가 강화물이 되므로, 주인의 행동은 더욱 강화된다. 이와 같은 반복에 의해, 주인은 처벌의 이용에도 불구하고 자신의 개에 대해서 '행동이 적절하지 않다'며 자주 분노를 느끼게 된다. 이와 같은 관계는 개와 주인의 유대를 파괴하는 것으로 연결된다.

(9) 처벌로써 바람직한 행동을 가르칠 수 없음: 처벌을 사용하는 것보다 중대한 문제점 중 하나는 부적절한 행동의 발현이 되어버려서 이는 결코 해결 되었다고 할 수 없는 것이다. 이 부적절한 행동은 주인의 의도와는 관계없이 강화되어 나타나게 된다. 주인은 부적절한 행동을 발견하면 처벌을 이용하려고 한다. 그러나 다른 관점으로 모르는 사이에 부적절한 행동을 강화하고 있는 경우가 많다. 개의 시점에서 보면, 주인의 행동은 일관성이 결여되고, 주인의 무리한 강요로 행동을 예측할 수 없게 된다. 이처럼 불안정한 관계는 개와 주인의 연결고리를 파괴한다. 가장 추천되는 문제행동 수정은 보다 나은 행동을 강화하는 것이다. 주인은 부적절한 행동이 어떠한 강화과정을 거쳐 얻어졌는지를 알 필요가 있다. 그리고 그 강화물을 배제해서, 다른 바람직한 대체행동을 강화해야만 한다. 이와 같은 과정을 거치면서 주인은 개가 왜 그러한 행동을 하는지를 이해하게 되며, 주인과 개와의 관계도 더욱 향상되는 것을 기대할 수 있다.

반응형성 : 순차접근법을 이용하면 운전이 가능한 개가....(불가능합니다! 왜일까요?)

MEMO

제7장

행동상담

이 장에서는 행동상담의 총론을 배운다. 행동수정을 실시하기 위해 필요한 준비부터 실제방법까지 망라하고 있다.

7

행동상담

머리말

일본의 동물병원에 행동치료과가 생긴 것은 1997년이었다. 그 이전에도 물론 개나 고양이의 문제행동은 존재하고 있었으며, 훈련사, 브리더 등 사육경험이 많은 주인들이 다른 주인에게 여러가지 조언을 해왔다. 행동상담의 '상담'에 숨겨진 의미는 '전문가에 의한' 치료와 조언이다. 전문가는 누구일까? 약의 처방은 면허(수의사)가 필요하지만 다른 방법에 따라 행동수정을 도모한다면 반드시 수의사일 필요는 없다. 문제가 되고 있는 행동을 올바르게 분석해 동물복지에 맞는 방법으로 행동수정프로그램을 작성해 보호자에게 지도할 수 있는 능력을 가진 사람이 전문가가 아닐까? 이미 배워온 개와 고양이의 행동학(생태학, 발달행동학, 비교행동학, 신경행동학), 학습이론이나 약리학 등을 총동원하고 그 과정을 행하는 것이 행동상담이다. 이 장에서는 행동상담의 총론으로 문제행동의 정의, 상담의 필요성, 추진방법, 여러 가지 치료법을 배운다. 행동치료에는 각각의 보호자과 동물에게 가장 좋은 해결방법을 선택하는 것이 중요하며, 모든 동물에게 적용 가능한 해결방법은 존재하지 않는다. 그러므로 응용력을 길러, 대응의 폭을 넓히기 위해 기초를 확실히 익힐 필요가 있다.

문제행동이란

우선 문제행동이란 무엇인지 생각해보자. 비슷한 말에 이상행동이 있지만, 이상행동과 문제행동은 다른 것이다.

이상행동은 (1) 동물 종으로서 본래 갖고 있지 않은 행동을 발현한다. (2) 고유의 행동의 발현이지만, 행동의 빈도와 강도가 비정상적으로 높거나 낮다. (3) 고유의 행동을 보이지 않는 것 중 하나를 말한다.

문제행동은 특정대상이 되는 행동을 문제시하는 사람의 존재가 꼭 필요하며, (1) 주인 또는 제3자가 문제시하고 있는 동물의 정상행동 (2) 주인 또는 제3자가 문제시하는 동물의 이상행동 중 하나이다.

행동치료에는 주인의 적극적인 개입이 필요하기 때문에, 주인에게 문제의식이 없다면 치료해결은 매우 어려우며 주인이 상담에 적극적이지 않을 수 있다.

행동 상담의 실제

행동 상담은 주인이 문제 삼는 행동을 객관적으로 진단하고 '문제가 되는 행동의 발현빈도나 강도를 주인이 허용할 수 있는 정도까지 낮추는' 또는 '받아들일 수 있는 다른 행동으로 바꾸는' 방법을 제안하고 프로그램을 작성하는 작업이다. 또한 동물 종으로서 정상적인 행동을 주인이 문제 삼을 때는 행동의 정당성을 이해하고 수용시키는 것도 필요하다.

상담을 하는 곳은 2개의 타입으로 나뉜다. 방문형(왕진)과 병원진료형이다. 방문형의 장점(병원진료형의 단점)은 실제로 동물이 생활한 환경과, 그 환경에서 동물의 행동을 관찰할 수 있어 문제행동을 직접 눈으로 관찰할 가능성이 높다. 주인이 침착하게 이야기할 수 있는 곳이며, 가족전원이 모이기 쉽고 그들과 동물과의 관계나 이해력을 알 수 있는 점 등이 꼽힌다. 반대로 방문형의 단점(병원진료형의 장점)은 방문할 때 시간이 걸리고, 주인의 페이스로 상담이 진행되기 쉬우며, 검사가 한정되어있어 질병과의 감별 진단이 어렵다. 영역의식이 강한 동물이 치료대상일 때 공격할 가능성이 있으며, 약의 처방이나 편리한 상품을 바로 보거나 건넬 수 없다(지참 시에는 많은 짐이 된다). 또한, 작성한 프로그램을 병원에 돌아와서 주인에게 전달해야 한다는 점 등이 있다.

동물병원에서 진료하는 것이라면, 앞에서 말한 단점을 보완하는 것을 생각하면 된다. 즉, 주인이 조용히 차분하게 이야기 할 수 있는 환경이 정비되어 있고(소파, 테이블, 벽의 그림 등) 동물이 자유롭게 움직일 수 있는 안전한 공간을 확보하고, 가족전원이 내원할 수 있는 날짜와 시간을 예약일로 설정하고, 주인의 긴장을 풀도록 말, 복장, 태도에 충분한 배려를 하며, 일상의 행동 및 문제행동의 비디오를 미리 받거나 당일 지참해 받는 등이다.

동물과 주인에 관한 충분한 정보를 얻기 위해서는 적절한 상담기술(주인이 필요한 정보를 올바르게 정리할 수 있도록 협조하는 기술)이 필요하게 된다. 정보입수의 한 수단으로서, 문진표가 이용되는 경우가 많다. 이에 따라 (1) 시간의 절약, (2) 기입 시에 주인이 문제행동을 돌아보고 객관적으로 바라볼 수 있으며, (3) 꼭 필요한 정보만 수집할 수 있고, (4) 주인의 행동치료에 대한 의욕이 드러나고, (5) 주인의 이해력을 추측할 수 있는 등의 이점이 있다. 낙농학원대학 부속동물병원 행동치료과가 이용하고 있는 개나 고양이의 질문표를 이 책의 부록으로 첨부하였으며, 자유롭게 이용해도 좋다.

상담 당일은 문진표를 바탕으로 주인의 이야기를 듣고 문제에 관련된 것은 상세하게 묻고 동물의 행동과 주인과의 관계를 관찰해 문제행동을 진단, 치료 프로그램을 작성한다. 물론 질병에 의한 행동변화와의 감별 진단을 먼저 해야 한다. 필요하면 미리 다른 과의 수의사에게 의뢰하는 것도 가능하다.

주인에게는 문제행동 발현의 원인 및 행동의 정착, 유지, 발전에 관련된 강화요소 등을 자세히 설명한다. 대상이 되는 주인과 동물에게 행동수정법, 약물요법, 외과적 요법, 기타요법 중에서 적절한 방법을 선택하여 주인에게 제시하고 자세히 설명해 주고, 주인이 이해할 때까지 충분한 시간을 갖는 것이 중요하다. 합의된 프로그램을 유인물로 준비해 주인에게 전한다. 프로그램 작성에 있어서는 정확한 판단이 성공의 비결이라고 생각한다. 일본의 견주 대부분은 동물을 적절하게 훈련한 경험이 없기 때문에, 행동수정법에 대해서는 주인 앞에서 예시로 보여준 후 주인도 실제로 해보게 하는 것이 필수적이다. 타인에 대해 공포가 강한 동물은 순치에 시간이 걸리기 때문에 그날 시범이 불가능 한 개체도 많다. 이에 대비해 사람에게 사회화된 시범동물을 준비해두면 도움이 된다. 이 시범동물로 해 보인 뒤, 주인에게 직접 시범동물로 경험하게 한 후 보호자의 동물의 순으로 체험하게 한다. 설명만으로는 주인이 실제로 하기 어렵다고 생각하는 것이 좋다.

상담 후에는 1주일 마다 동물의 행동변화와 프로그램 수행상의 문제점을 듣고 필요에 따라 지도내용의 변경을 실시한다. 이것은 반드시 내원을 요하지 않고도 전화, 팩스, 메일 등으로도 가능한 경우가 많다. 그림 7.1에 행동치료과 진료의 흐름의 구체적인 예를 나타냈다.

BOX 7-1 행동치료과 진료실은…

일본의 낙농학원대학 부속동물병원 행동치료과 진료실의 경우 완전예약제로 1마리당 1.5시간을 할애하고 있다. 주인과 동물이 편안하도록 전등에는 따뜻한 색을 사용하고, 벽에는 개나 고양이의 사진이나 그림을 걸고, 장난감, 케이지, 캣타워가 구비되어 있다. 또 태양광이 들어오도록 충분한 창을 확보하고 있다(동물에 따라서는 눈가림이 필요해서 블라인드를 설치). 공격적인 개를 위한 콘크리트 기둥에 계류용 갈고리도 설치했다. 상담에는 1.5~2시간이 걸리고 편안한 소파가 준비되어 있으며, 주인의 긴장을 푸는 배려로 직각으로 배치해 두었다. 공간확보를 위해 진찰대는 수납 가능한 접이식으로, 바로 꺼내서 소개할 수 있는 편리한 상품을 정리해 수납하고 있다. 방내의 컴퓨터로 주인에게 핸드아웃을 동시진행으로 작성하여 상담 종료 시에 건넬 수 있도록 하고 있다.

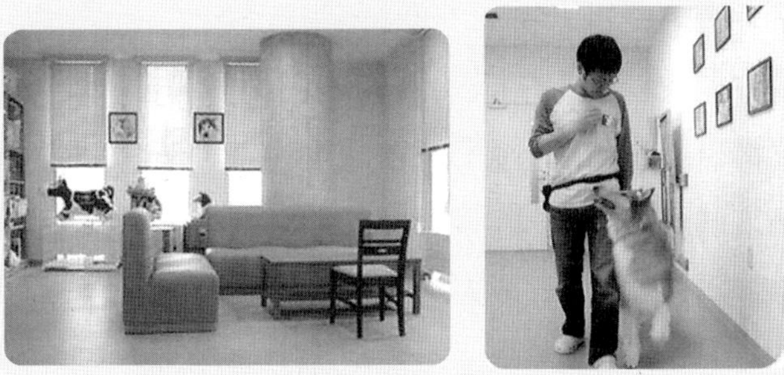

사진제공 : 일본의 낙농학원대학 부속동물병원 행동치료과의 진찰실(약 50㎡)

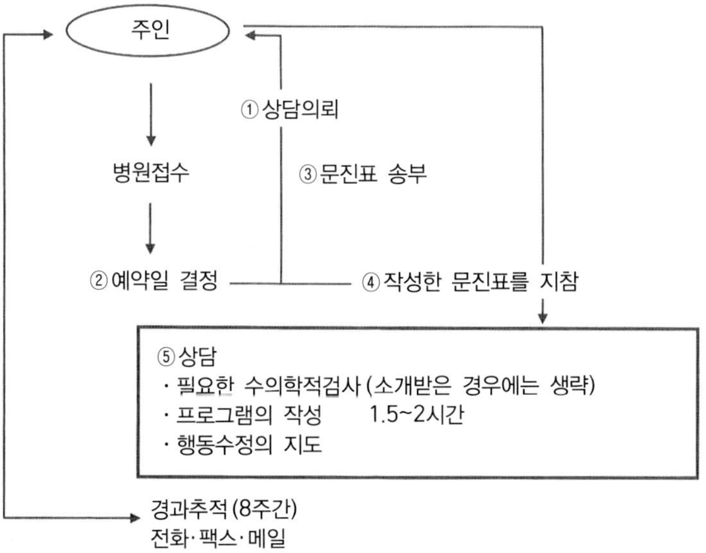

그림 7.1 낙농학원 부속동물병원 행동치료과의 진행방법

BOX 7-2 불안경향이 높은 개와의 접근법

행동치료과에 오는 개는 거의 신경질적이다. 가급적 공포심을 주지 않는 태도로 (1)정면으로 접근하지 않는다. (2)위에서 접근하지 않고, (3)눈을 응시하지 않는다. (4)심호흡을 하면서(특히 숨을 뱉으면서 가까이 간다. 숨을 멈추지 않는다). (5)개를 만질 때에는 손등을 이용해 옆구리나 가슴의 접촉부터 시작한다(이때도 앞에서 기술한 주의 점을 지킨다).

상담 중에는, 주인과 재밌게 이야기하면서 시야의 일부에 개를 넣고 감시하면서 진행하는 것이 이상적이다.

치료법

실제 치료법에는 행동수정법, 약물요법, 외과적요법, 기타요법이 있다. 이 중 가장 중심이 되는 것이 행동수정법이다.

행동수정법

학습 이론에 기초한 행동을 변화시키는 방법을 행동수정법이라 한다. 따라서 문제행동을 받아들일 수 있는 행동으로 변모시키는 경우, 환경 자극의 조작과 환경 자극과 행동 수반성의 조작을 실시함으로써 그 목표에 도달하도록 한다. 구체적으로는 문제행동을 발현 및 유지시키는 환경자극 및 강화요인을 찾아내서 이를 제거, 혹은 무효화함으로써 문제행동을 소거하고, 문제행동을 감소시키는 바람직한 행동을 강화하는 것 등으로 수정을 실시한다.

행동수정법의 프로그램을 작성하려면 아래의 단계를 따른다.

- 문제행동을 객관적으로 특정화하고 문제행동이 생기는 상황과 생기지 않는 상황을 구별함으로써 문제행동이 생기는 외적 인자를 특정 짓는다.
- 문제행동의 출현빈도를 객관적으로 평가한다.
- 학습이론에 따라 행동수정 프로그램을 작성한다. 그때 목표행동을 너무 높게 설정하지 않고, 가능한 범위 내에서 바람직한 행동의 출현빈도를 늘리고 문제행동의 출현빈도를 감소시키는 것을 우선으로 하여 적절한 강화 스케줄을 이용한 치료계획을 작성한다. 특히 주인이 이해할 수 있는 말과 태도로 주인이 할 수 있는 범위 내의 스케줄을

작성해 바람직한 행동에 대한 강화 요인의 제시를 권고한다.

- 치료계획 개시 후에는 문제행동을 기록하도록 권고하고, 치료계획의 실행과 진행을 파악한다. 만약 문제행동을 바꿀 수 없다면, 계획 및 강화요인을 변경하고 바람직한 행동의 출현빈도가 증가하도록 진행한다.
- 문제행동이 처음에 의도한 방향으로 변화하면 치료계획을 점차 축소시켜 간단한 환경 조작만으로도 적절한 행동을 유지할 수 있도록 한다.
- 치료 종료 후, 문제행동으로 되돌아가지 않도록 정기적으로 검사한다.

행동수정 프로그램에서 가장 중요한 것은 치료 전후의 문제행동의 객관적 평가를 얼마나 할지이다. 그러기 위해서는 문제행동을 실제로 관찰하는 것은 물론, 상담 속에서 주인부터 문제행동의 실제에 대해 물어보고, 충분히 듣는 것이 필수적이다. 아래에 대표적인 학습이론을 이용한 행동수정법을 소개한다.

- 행동수정법은 어디로 접근하느냐에 따라 학습이론 중 무엇을 사용할 지가 결정된다.
- 모든 행동은 어떠한 자극(환경에서 또는 생체 내에서)에 의해 발현된다. 또 행동은 어떠한 감정을 동반하는 경우가 많다. 행동 수정을 추진할 때는 이 두 가지를 항상 생각해야한다.
- 일반적으로 자극은 단일자극이 아니라 연합되어 있는 경우가 많다. 본능적인 자극과 고전적 조건화나 도구적 조건화에 의해 학습하고 강화된 것이 자극이 되고 있다. 문제행동이 무엇이든 행동수정법의 기본에는 변함이 없다. 행동수정법은 한 가지만 선택하는 것이 아니라, 동물에게 부담을 줄이고 조기의 개선이 가능하도록 조합해서 프로그램을 세우는 것이 바람직하다.

자극조작에 의한 문제행동의 수정

행동을 유발하고 있는 자극자체에 직접 접근하는 방법으로 자극을 특정 짓고, 자극의 수가 한정되어 있다는 조건 하에서 응용 가능하다. 자극 배제는 가능하다면 가장 쉬운 행동수정법이라 할 수 있지만, 실제적이지 않을 경우가 많다(배제할 수 없는 자극). 자극 제어는 자극의 강도를 변화시키는 유사자극으로 대체하여 자극에 순화, 계통적 탈감작(BOX 7-3 참조) 길항조건화(BOX 7-4 참조)가 자주 이용되는 행동수정법이다. 이들을 이용해 자극을 제어 했을 때 동물이 자발적으로 문제행동 이외의 행동을 발현했다면 문제행동에 대해서는 강화요인을 제시하지 않고, 기타의 행동에 대해서는 강화요인을 제시하고 다른 행동 강화를 동시에 실시하여 행동수정을 추진한다. 주인은 문제행동을 줄이는 것에만 집중하기 쉽지만, 행동수정에서는 항상 문제행동 이외의 행동을 늘리는 것에 중점을 둔다. 다른 행동화 강화에 이용되는 행동의 빈도와 정도를 높이기 위한 절차로 바람직한 것은 정적강화이다. 강화 스케줄을 포함해 강화의 기본을 제6장에서 복습하길 바란다.

BOX 7-3 계통적 탈감작(Systematic desensitization)

가장 먼저 할 일은 자극을 특정 짓고, 그 순위를 정하는 것이다. 어떤 혐오자극이 어느 정도의 강도로 동물에게 공포행동을 유발시키는 지를 조사하고, 불안계층표를 작성한다. 그 다음 매우 약한 조건자극부터 차례로 탈감작 시키고 현재 문제가 되는 행동을 없애는 방법이다. 이 방법은 왓슨(John Watson), 존스(Mary Cover Jones), 울프(Joseph Wolfe)에 의해 제창되었으며, 사람의 불안증이나 공황장애에 대한 인지요법, 행동요법으로써 이용되고 있다. 구체적으로는 처음에 동물에게 쉬라는 명령을 가르친다. 이것은 먹이나 간식과 명령을 조합한 정적강화로 실시한다. 운동 등을 미리 해두면 손쉽게 쉬게 된다. 명령으로써 쉴 수 있게 된 후에는, 불안계층표에 따라 불안이나 공포를 나타내지 않을 정도의 혐오자극에 노출시키고, 그 상태에서 쉬라고 명령한다. 동물이 불안상태를 보이지 않는 것을 확인하고 그 과정을 몇 차례 반복한다. 순조로운 상태가 진행된다면, 불안계층표에 따라 자극강도와 종류를 늘려나가 최종적인 목표점까지 진행시킨다. 서두르지 않는 것이 매우 중요하다. 단시간의 세션을 몇 번이고 반복하는 것이 학습을 촉진한다(분산학습). 만약 서두르다가 훈련과정에서 공포반응을 보여 버리면, 그 행동을 부분강화하는 것이 되어버리므로, 세심한 주의가 필요하다.

예를 들어, 현관 벨소리에 대해 지나치게 짖는 행동을 나타내는 개가 있다고 생각해보자. 이 경우, 벨소리가 혐오자극이 되고 개가 불안반응이 생겨 짖은 후에(실제로는 짖은 것과는 무관하게) 벨소리가 안 들리게 되었다고 해도 개는 부적강화학습을 해서 다시 짖게 된다. 이때, 우선은 불안계층표를 작성하고 어느 정도의 벨소리 크기에 대해 짖는지를 조사한다. 그 다음, '앉아'를 제대로 학습시키고 주인의 명령으로 올바르게 '앉아'를 하도록 훈련한다. 이것이 완성된 시점에서 벨소리를 작은 소리로 재현하고 주인이 벨소리가 울리는 것과 동시에 '앉아' 명령을 내리고 그 명령에 따른 경우에는 즉각 보수(대가)를 준다. 이것을 몇 차례 반복한 단계에서 벨소리를 더 크게 한다. 벨소리가 보통크기가 되어도 짖지 않고 주인의 명령에 따라 앉을 수 있게 된다면 목표달성이다.

BOX 7-4 길항조건화

길항조건형성은 고전적 조건화이다. 공포반응을 일으키고 있는 혐오자극에 대해 먹이나 놀이 등 즐거운 자극을 조건화 하는 것이다. 이를 사용하는 경우는, 먹이나 놀이 등 해결자극의 강도가 혐오자극의 강함을 넘어서야 하므로, 대개는 계통적 탈감작과 병용하여 자극을 제어하면서 조건화하는 방법이 동원된다.

자극부터 행동의 연합까지 조작에 의한 문제행동의 수정

문제행동을 발현시키는 자극에 대한 다른 특정행동을 연합시키는 것을 의미한다. 여기에는 자극에 대해 특정 행동을 하게 동물을 훈련하는 행동화 강화방법(비양립행동 분화강화: 동시에 성립하지 않는 행동을 특정 짓고 이를 강화하는 것, 대체행동 분화강화: 문제행동과 같은 표현 쪽에서 보다 바람직한 행동을 특정 짓고 강화한다)이 주체가 된다. 행동화강화에서는 행동형성의 절차가 필요하다. 왜냐하면 선택하고 싶은 행동의 대부분은 동물의 자발적 발현빈도가 낮기 때문이다. 행동형성이란 기대하는 행동의 조작적 수준이 낮을 때 사용하는 방법으로, 찾는 행동이 발현하도록 어떠한 자극(냄새, 물건, 소리)을 제시하면 물리적으로 유도하고, 찾는 행동을 관찰하는 작은 스텝의 원리에 따라 조금씩 학습시키는 것 (순차 접근법) 등이 포함된다. 특히, 자주 사용되는 순차접근법의 구체 예를 BOX 7-5에 기술했다(반응 형성에 대해서는 제6장 참조).

또한, 이 조작에는 주인이 동물에게 문제행동을 발현시키지 않기 위한 특정한 행동을 취하는 것이 포함된다. 예를 들어 남에게 '짖었다'가 문제가 되어있고, 안아 올리자 짖지 않는다면, 주인에게 항상 안고 있도록 하는 것이다. 이 방법은 매우 쉬우며 주인은 계속 안고 있어야 하지만, 의외로 이 방법을 선호하는 주인은 많다.

행동부터 결과까지의 조작에 의한 문제행동의 수정

문제행동이 인식되는 것은 바람직하지 않은 행동이 강화된 결과라고도 할 수 있다. 즉 강화절차로 스트레스 해소와 도파민분비 등 동물 자신 내면으로부터의 정적강화, 혐오자극의 제거라는 부적강화, 또는 주인(의도여부는 별도로)의 정적·부적강화가 주어진다. 이 접근이 강화요인의 특정과 배제에 의한 행동제거이다. 이것은 어떤 의미로는 부적처벌의 제시(개에게 바람직한 것을 제거함), 정적처벌의 계속(혐오자극의 지속제시)으로 바꿔 말할 수 있다. 물론, 강화요인의 종류에 따라 이용할 수 없다.

행동을 유지해 온 정적강화요인을 배제하는 절차에 들어가면, 소거격발이라 하는 행동폭발이 생겨 행동은 일시적으로 더 심해진다(구체적인 것은 제6장 참조). 그러나 제시를 계속하면 자발적 회복과정을 거치면서도 행동은 소거의 방향으로 향한다. 이 방법에는 몇 가지 주의점이 있다. (1)강화요인을 가끔 제시하면 소거저항이 강하게 작용하므로 소거절차를 철저하게 해야 한다. (2)지금까지 제시된 강화요인이 연속해서 나타나지 않는 것은 동물에 큰 욕구불만을 불러일으키기 때문에 적응하는 동물의 선택은 신중하게 해야 하고, 공격적인 동물에서는 욕구불만의 고조로부터 공격이 더 심해질 가능성이 있다. (3)동물의 욕구불만을 낮춰 소거과정을 앞당기기 위해 삭제하고 싶은 행동 이외의 행동강화(외행동화 강화)를 동시에 할 필요가 있다.

또 한 가지 방법(최종수단)은 현재 발현하고 있는 문제행동에 대해 정적강화를 배제할 뿐 아니라 적극적으로 정적처벌을 제시하는 것이다. 처벌을 받는 동물에게는 직접벌과 간접벌(처벌의 출처가 분명치 않다)이 있는데 주인과 동물과의 관계성을 해치는 걱정이 없는 간접처벌이 바람직한 것은 당연하다. 이것에는 가령 동물이 문제행동을 하자마자 큰소리와 물총 등의 원격처벌을 제시하거나 역겨운 냄새가 뿜어 나오는 목걸이를 차게 해서 원격조종하는 것 등이 포함된다. 그러나 간접처벌이라도 예기치 않은 부가적반응(공포증 등)을 일으킬 가능성도 있다. 자세한 사항은 BOX 6-2를 참조해 주었으면 한다.

BOX 7-5 순차접근법의 구체적 예시

'도어 벨이 울리면 스스로 매트에 가서 엎드려서 기다려' 행동은 몇 가지 행동으로 분해된다. 순차적 접근법은 각각의 행동을 훈련시키고 통합한다. 훈련은 역순으로 만들어 나가는 것이 많다. 각각의 단계는 강화의 기본에 따르지만, 단계를 올리면, 전에 훈련하던 행동에 강화요인 제시를 중지하고 그 행동을 소거해, 다음 단계의 행동의 정착을 노릴 필요가 있다(예를 들어 (1) '엎드려' 를 유도해서 음성명령으로 이행하면 유도로 엎드려도 강화요인은 제시하지 않는다).

(1) 매트 위에 엎드리는 행동을 가르친다(유도에 의한 '엎드려' 부터 목소리로 '엎드려' 혹은 손짓에 의한 연습).
(2) 목소리 또는 손짓으로 매트 위에 엎드리게 한다(1). '엎드려' 있는 시간을 연장시킨다(몇 초에서 몇 분 까지 기다리도록 연습).
(3) 매트에서 떨어진 위치에 개를 두고 '매트' 라는 명령으로 매트에 가는 것을 가르친다(짧은 거리부터 시작해 어느 위치에서도 갈 수 있도록 주인의 위치를 변화시키면서 연습이 필요하다).
(4) '매트' 라고 명령하고 매트에 도달하면 '엎드려' 를 가르친다(처음에는 '엎드려' 명령을 내리는데 이것을 몇 번 반복한 후 명령어를 늦추고 스스로 엎드리는 행동을 유발한 후 강화한다).
(5) '매트' 라는 말을 도어 벨에 조건화(도어 벨을 울리고 '매트' 의 명령을 계속하는 것을 반복하고, '매트' 의 명령을 생략).

BOX 7-6 행동수정법 편리상품

행동수정법을 지도하는데 도움이 되는 편리한 상품을 숙지해두면 편하고 순조롭게 진행될 수 있으므로 자주 사용하는 몇 가지를 소개한다. 사용방법을 상세하게 소개하고 싶지만 몇 가지 중요 주의사항만 기재했다.

(1) 개의 통제와 산책 때 잡아당김 방지: 헤드 칼라(Head collar)
주의: 올바른 착용, 부드러운 처리, 감시 하에서의 사용, 무서워하는 개체에는 정적강화를 이용해 순화할 것

(2) 개 산책 때 잡아당김 방지: 하네스(Harness)
주의: 올바른 착용방법, 찰과상의 확인(사이즈가 맞지 않을 때, 피부가 약한 품종, 새것이라 하네스가 단단할 때)

(3) 무는 것의 방지: 바스켓머즐(Basket muzzle)
주의: 무서워하는 개체에게는 정적강화를 이용해 순화할 것. 또, 훈련 종료 후 머즐을 개가 혐오자극과 관련 짓지 않도록 주의할 것(개가 싫어할 상황에서만 사용하지 않는다, 싫어하는 상황 직전에는 하지 않는 것 등).

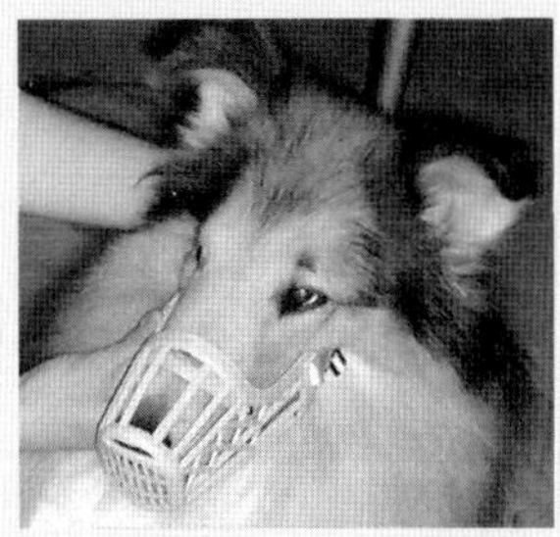

바스켓머즐

(4) 불안 경향이 높은 개: 보디랩(Body wrap), 카밍밴드(Calming band), 카밍캡(Calming cap)
주의: 보디랩과 카밍밴드는 사용 전에 지도를 받을 것. 감시 하에서만 사용한다.

(5) 무는 행동 전가상품과 식이시간 연장용 상품: 콩(Kong), 나일라본(Nylabone), 거지(Guzzy), 트리트볼(Treat ball), 버스터큐브(Buster cube) 등
주의: 파괴력이 강한 개에서는 강도를 확인할 것. 처음 사용할 때는 반드시 사람이 곁에서 지켜본다(이물질 섭식 방지)

(6) 짖는 것 교정상품: 시트로넬라 교정칼라, 초음파 칼라 등
주의: 통증이 뒤따르지는 않지만 "벌칙=간접벌"이 되므로, 공포심이 강한 개에게는 금물이다.

(7) 손님에게 짖는것에 대한 탈감작상품: 무선현관벨

(8) 소리에 대한 탈감작 CD: 천둥소리, 아이의 목소리, 불꽃소리, 개 짖는 소리, 청소기 소리 등
주의: 길항조건화와 병용한 계통적 탈감작의 지도, 탈감작 종료 후에도 부정기적으로 듣게 하는 것

(9) 강화물: 이차강화로서의 클릭커

(10) 고양이의 부적절한 장소에서 발톱갈이나 피해감소상품: Soft paws
주의: 발톱 탈락 시에 바꿀 필요가 있다. 고양이에 따라 순화에 시간이 걸린다. 매일 좌우 1개씩 커버해 가면 쉽게 적응한다.

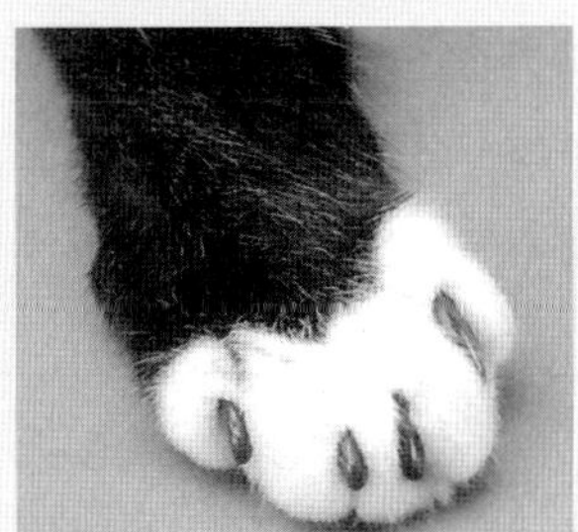

Soft paw
(사진제공: K&C 상회)

약물요법

문제행동의 치료는 중추작용 물질을 이용해 일시적 혹은 장기적인 보조요법을 쓰는 것이 있다. 중요한 점은 약물요법은 보조요법이며, 행동수정법의 프로그램을 주체로한 스케줄의 관리가 필수적이다. 약물요법은 뇌의 신경전달물질을 변화 시키는 것에 의해 효과를 얻는다. 물론 투약전의 간장·콩팥기능검사와 주인에게 사전설명은 필수적이다. 또 사용하는 많은 약물이 향정신성 의약이여서 주인이 복용할 가능성도 고려해, 정해진 기간분만 처방하고 투약을 잘 하고 있는지를 확인해야 한다. 불안과 스트레스에 관한 문제행동에는 항불안제, 항우울제를 공격행동에 관한 문제행동에도 같은 항불안제 등을 이용한다. 구체적으로는 세로토닌을 증가시키는 삼환계 항우울제, 아드레날린을 차단하는 베타블로커, GABA의 작용을 강화하는 벤조디아제핀계 약물 등이다.

또 행동수정법과 병용하고 있으므로 약물투여를 중지할 때에는 약물조건화를 회피하는 스케줄을 구축해야한다. 약물조건화란 약물의 반응에 대한 몸의 조건화가 성립하는 것을 말한다. 조건화된 몸에서는 약물의 작용을 막기 위한 반응이 형성된다(항상성). 이것은 약물내성과 비슷한 반응으로 보이지만, 사실은 그렇지 않다. 그래서 만약 투약 장소가 바뀌면 조건화에서 벗어나 반응성이 급격히 회복하게 되어 죽을 수도 있는 위험성을 가지고 있다. 행동수정법(소거)과 약물요법의 병용의 경우도 마찬가지이다. 즉, 행동수정법을 받고 있을 때 동시에 약물이 존재하면 약물 작용 속에서 학습이 성립하게 되어 투약을 중지하면 그 조건자극이 없어지기 때문에, 결과적으로 행동치료의 맥락에서 벗어나게 되어 학습해온 행동들을 못하게 될 가능성이 있다.

벤조디아제핀 계열 약물

GABA-A 수용체에 작용하여 GABA의 작용을 높인다. GABA는 억제성신경계이므로 불안에 관련된 편도체의 활성을 낮추는 효과를 나타낸다. 즉효성이 있는 것부터 장기적 작용 약물까지 존재한다. 그러나 약물내성이 생기기 쉬운 점, 약물조건화나 퇴약증후들이 비교적 강하므로 사용에는 용량, 투여기간 투약중단 시의 단계저하를 고려해야한다. 부작용으로 진정, 운동실조, 고양이의 급성 간장애가 있다. 통상 1개월에 25 % 정도씩 용량을 저하시킴으로써 회피할 수 있다고 여겨지고 있으며 공포성 공격행동에는 사용을 주의해야한다. 왜냐하면, 불안을 경감함으로써 공격성이 상승할 수도 있기 때문이다. 대표적 약물은 디아제팜(Diazepam), 알프라졸람(Alprazolam), 클로라제페이트(Clorazepate) 등이다.

아자피론계 약물

모노아민계의 신경전달물질에 작용한다. 사용할 수 있는 것은 부스피론(Buspirone)이다. 이것은 세로토닌1A 수용체에 작용하는 약으로서 인의에서는 항불안제로 사용되고 있다. 이 약물은 세로토닌 신경세포의 자기수용체에 작용해 세로토닌 분비를 저하시키는 작용과 연접후(Post-synaptic) 수용체에 작용해 세로토닌1A 수용체를 통한 세로토닌 신경계의 전달을 상승시키는 작용을 겸비하고 있다. 벤조디아제핀계열과 비교해 부작용으로 진정이나 학습장애, 약물내성 등은 생기기 어렵지만, 약이 잘 듣지 않아, 효과를 위해서는 장기적인 투여가 필요하다. 또 그 적응범위는 좁고, 천둥공포증이나 분리불안 등에는 별로 효과를 기대할 수 없다. 고양이의 배뇨스프레이 등 사회적 불안에 관한 문제행동에는 효과를 쉽게 볼 수 있다.

삼환계 항우울제

이 약물의 구조는 세고리를 갖기 때문에 이처럼 명명되었다. 중추 세로토닌의 흡수를 저해하고 뇌의 세로토닌 농도를 상승시킨다. 삼환계 항우울제는 그 특이성이 그다지 높지 않으며, 도파민과 노르아드레날린의 작용도 저해한다. 인의에서 항우울제로 이용되고 있지만 항불안효과도 갖고 있어서, 동물의 문제행동치료에서는 주로 항불안제로 사용되는 경우가 많다. 장기적인 투여 후에만 효과가 나타나며, 단순한 모노아민의 시냅스 간극농도상승이 효과의 주체가 아니라 그 이후의 수용체 발현의 변화가 필수적이다. 실제로 실험동물을 이용한 연구에서는, 항우울제의 효과발현에는 뇌내의 뇌유래신경영양인자(BDNF)의 작용이 반드시 필요하다는 것이 증명되고 있다. 부작용으로서 항콜린작용을 갖는다. 그래서, 순환기계에 대한 부작용 모니터가 필요하다. 수의영역에서 이용되는 경우가 많은 것으로서 아미트리프틸린(Amitriptylin), 클로미프라민(Clomipramine), 이미프라민(Imipramine)이있다. 일반적으로 삼환계 항우울제는 저렴하기 때문에, 선택적 세로토닌 재흡수 억제약물보다 사용빈도가 높다. 동물의 과도한 각성상태의 완화나 불안을 줄이기 위해서 사용된다 또 불안과 공격이 혼재하는 증례에서는 벤조디아제핀 계열이 이용하기 어려우니 삼환계 항우울제가 이용된다. 또한 상동장애, 불안장애 등에도 사용된다. 항콜린작용 때문에 녹내장과 건성각결막염에서는 금기이다. 부작용으로 진정, 심전도저해, 발작유도, 고양이의 요폐색 등에 유의한다.

선택적 세로토닌 재흡수 저해제

삼환계 항우울제와 비교해 세로토닌의 재흡수에 선택성이 높고, 그 때문에 부작용이 약한 플록세틴(Fluoxetine), 파록세틴(Paroxetine), 플루복사민(Fluvoxamine) 등이 있다. 개의 분리불안 및 상동장애, 고양이의 배뇨스프레이, 공격행동, 상동장애에 사용된다. 2008년 미국에서는 플록세틴이 인가되고(상품명 리콘사일(Reconcile)) 일본에서도 임상시험이 시작되었다. 현재 전 세계적으로 사용되고 있다.

BOX 7-7 문제행동과 신경전달물질

몇 가지의 문제행동의 배경에는 신경전달물질의 변화가 보고되고 있다.

(1) 불안과 관련된 문제행동: 불안과 관련성이 높은 것으로서 GABA, 세로토닌, 노르아드레날린 등이 꼽힌다. GABA에 관해 얘기하자면, 신경 전달을 저하시키는 조작으로써 길항제 투여나 수용체 결손 마우스에서의 연구가 있으며, 이때 불안행동이 상승하므로 GABA신경 전달을 높이는 것은 항불안으로 연결된다. 세로토닌과 불안의 관계는 많이 보고되고 있지만, 아직도 불확실한 점이 많다. 세로토닌이 고갈된 상태에서는 불안행동의 상승이 관찰되지만 다른 정서 행동(예를 들어, 공격성 등)도 변화하고 있어 뇌 내의 전체적인 항상성이 변화하고 있다고 생각된다. 노르아드레날린은 혐오 자극에 대해 급격히 활성화되어, 뇌를 각성시키고 긴장 상태를 유지한다. 이 노르아드레날린의 상승은 불안증과 관련이 심도 있게 조사되었으며, 유전적이나 환경에 따라 노르아드레날린 신경 계통의 활성화가 일어나면 불안 증상이 높아지는 것이 사람과 설치류를 이용한 연구에서 밝혀지고 있다.

(2) 공격에 관한 문제행동: 사람을 포함한 몇 가지 포유류에서는 세로토닌 신경계의 변화와 공격성의 관련이 지적되고 있다. 예를 들어, 사람의 사후 뇌를 조사한 연구에서는 뇌 내의 세로토닌, 혹은 세로토닌 대사물의 저하, 전두엽의 세로토닌 수용체의 발현 상승 등이 있다. 랫트 등에서는 세로토닌 신경 세포의 파괴, 혹은 세로토닌 전구체인 트립토판을 결핍시킨 식이에 의한 공격성의 상승이 관찰되었다. 마우스에서는 세로토닌 1B수용체 결손 마우스에서 돌발적 공격성의 상승이 보이는 등, 세로토닌과 공격성의 관계는 매우 깊다. 개에서도 공격에 관한 문제행동을 보이고 있는 개와 그렇지 않은 개의 뇌척수액 중의 세로토닌 대사물을 비교하면, 공격적인 개에서 그 양의 저하가 보고되고 있다.

(3) 상동장애: 상동장애와 관련있는 신경전달물질 중 오피오이드계가 가장 잘 알려 져 있다. 오피오이드 신경계가 지속적으로 활성화되면, 상동행동의 발현이 확인되고, 또 상동장애 동물에게 오피오이드 신경계 차단제를 투여하면 증세가 좋아진다. 마찬가지로 사람의 강박성 신경 장애에서도 오피오이드 신경계를 저하시키는 약물은 효과적이다. 상동장애의 배경이 되는 환경 스트레스가 오피오이드 신경계를 활성화하는 것이 알려져 있으므로 스트레스 환경이 오피오이드를 통해 상동장애로 이어지고 있다고 생각된다. 또 운동 활성의 고조와 상동행동의 발현의 연관성도 인정받고 있으며, 이 경우에는 도파민 신경 계통이 관여하고 있다. 운동 활성이 높은 동물에서는 도파민 신경 계통의 활성화가 높고, 그 결과 상동장애로 이어진다. 마찬가지로 스트레스 환경에서 도파민이 방출되는 것이 알려져 있으므로 근원이 되는 스트레스 환경을 개선하는 것이 최선이라 생각된다.

BOX 7-8 문제행동과 약물요법

약물분류	약물명	용도	용량	주의사항
벤조디아제핀 계	디아제팜 (Diazepam)	항불안, 과흥분	0.5~2.5 mg/kg	단기작용이기 때문에, 공포자극이 무엇인지 알 때(천둥, 불꽃 등) 유효하다. 약물내성이 높다.
	알프라졸람 (Alprazolam)	항불안, 과흥분	0.02~0.1 mg/kg bid	단기작용
	클로라제페이트 (Clorazepate)	항불안, 과흥분	2 mg/kg bid	장기작용
아자피론 계	부스피론 (Buspirone)	항불안, 분리불안, 상동장애	1~10 mg/kg bid	세로토닌1A 작용제. 효과검출까지 2주간 복용한다.
삼환계 항우울제	아미트리프틸린 (Amitriptylin)	항불안, 분리불안, 상동장애	2~4 mg/kg bid	효과검출까지 2주간 복용한다. 복용금기: MAO저해제, 항히스타민제 복용주의: 항콜린제, 아드레날린작용제, 중추신경억제제
	클로미프라민 (Clomipramine)	항불안, 분리불안, 상동장애	0.5~4 mg/kg bid	효과검출까지 2주간 복용한다. 복용금기: MAO저해제, 항히스타민제 복용주의: 항콜린제, 아드레날린작용제, 중추신경억제제
	이미프라민 (Imipramine)	항불안, 분리불안, 상동장애	2~4 mg/kg bid	효과검출까지 2주간 복용한다. 복용금기: MAO저해제, 항히스타민제 복용주의: 항콜린제, 아드레날린작용제, 중추신경억제제
선택적 세로토닌 재흡수 억제제	플록세틴 (Fluoxetine)	항불안, 분리불안, 상동장애	0.5~1.0 mg sid	효과검출까지 2주간 복용한다.
	파록세틴 (Paroxetine)	항불안, 분리불안, 상동장애	0.5~1.0 mg sid	효과검출까지 2주간 복용한다.
모노아민산화 효소저해제	셀레길린 (Selegiline)	노령장애	0.5~1.0 mg sid	삼환계 항우울제, 선택적 세로토닌 재흡수억제제와 병용금기

Bid: 1일 2회
Sid: 1일 3회
참고도서: 개와 고양이의 행동학 매뉴얼 (학창사)
The Veterinary Clinics of North America (학창사)

외과적 요법

외과적 요법은 고전적으로 이용되어 왔지만, 현재는 외과적 치료법의 선택률이 낮아지고 있다. 한번 외과적으로 조치해버렸을 경우, 그 개체에 대해 다시 그 부위를 되돌릴 수 없는 비가역적 조치이므로 주인과 충분히 상담해 결정해야 한다.

수컷의 중성화 수술(거세 수술)

수컷 특유의 행동으로 테스토스테론에 기인하는 경우에 이용된다. 거세 수술에 의해 얻는 것은 마운팅 행동, 영역표시 행동, 방랑벽, 영역의식의 감소이다. 개의 공격행동 면에서는 개선의 기대는 별로 바랄 수 없지만, 고양이에서는 수컷끼리의 공격성을 저하시킨다.

암컷의 중성화 수술(불임 수술)

암캐의 거짓 임신 시의 공격행동, 발정 전후의 불복종에 효과가 있다. 개들에 대한 공격행동이나 주인에 대한 공격행동을 감소시킬 수도 있다. 고양이에서는 발정에 관계하는 문제행동의 저하가 기대된다.

성대 절제술

'짖는것'이 문제로, 다른 치료가 효과를 보이지 않고 안락사를 선택해야 할 수밖에 없을 때는 하나의 선택사항으로 들 수 있을지 모르지만, 개의 음성커뮤니케이션을 모두 약탈하는 것은 동물복지적 관점에서 그 필요성이 검토되어야 한다.

송곳니 절단

개와 고양이의 공격성의 대처방안으로 사용되며 특히 대형견의 거센 공격행동으로 부터 주인이나 주위사람의 생명 보호와 위독한 교상 회피가 필요한 경우에 실시한다. 성대 절제

술과 마찬가지로 동물복지적 관점에서 그 필요성이 검토되어야 한다. 또한 절단후 처리를 올바르게 하고 치수 절단 후 충전이 필수이며, 치수노출이 원인이 되어 통증에 의해 공격행동이 격해졌다는 보고도 있으므로 주의를 요한다.

발톱 제거술, 발톱절단술

고양이의 공격성의 대처방안으로 사용되며 주인이나 주위사람의 생명보호와 찰과상 회피가 필요한 경우에 실시한다. 성대 절제술과 마찬가지로 동물복지적 관점에서 그 필요성 검토를 요한다. 가정 내의 비싼 것, 가치 있는 것을 고양이 발톱 갈기로부터 보호하기 위해 이루어진다. 대체법으로써 Soft paws 등 발톱커버를 고려해야 한다.

기타요법

식이요법

뇌내 신경전달물질의 대사회로에 관계되는 영양소를 조절함으로써 행동을 변화시키는 것이 가능할 수도 있다. 실제로 공격행동을 치료할 때, 세로토닌 양을 늘리는 목적으로 저단백식이가 추천된다. 이것은 세로토닌의 전구물질인 트립토판이 혈뇌장벽(Blood-Brain barrier)을 더 통과하기 쉽게 한다는 이론에 근거하고 있다. 이 저단백 식이요법은 개에서만 적응가능하다, 고양이는 고단백의 식이가 필요하므로 이런 요법은 하지 않는다. 또 합성착색료나 방부제 등의 인공첨가물이 공격행동을 불러일으킨다는 보고도 있어, 이른바 자연식품을 권장하는 수의사도 많지만 과학적 근거는 아직 희박하다. 또한, 보조제로서 세로토닌의 전구물질 L-트립토판이나 항불안효과를 갖는, L-테아닌, α-s1트립틱카제인 등을 수의사로부터 받을 수 있다.

페로몬요법

제3상에 기술했듯이, 페로몬은 동물의 행동에 있어서 정상적인 반응을 일으키는 외적인 자이다. 그 때문에 페로몬을 이용해 행동을 변화시킬 수 있다고 생각된다. 실제로, 돼지 등에서는 발정중의 암컷에게 수컷페로몬을 적절히 사용함으로써, 수컷을 수용하게 하는 것이 가능하고 이미 그 수컷페로몬은 구매가 가능하다. 고양이는 펠리웨이(Feliway)나 펠리프랜드(Felifriend)라고 불리는 페로몬약물이 입수가능한데 영역표시의 저하나 흥분의 저하에 일부효과가 인정되고 있다. 또, 개에서는 Dog Appeasing Pheromone(DAP)가 이용되며, 불안, 스트레스 저하에 사용된다. 펠리웨이나 펠리프렌드는 고양이의 뺨에 있는 페로몬 샘에서 향을 내는데 사용되는 것을 분획해 추출한 것이다. DAP는 어미젖샘주위의 지용성분 추출물인데, 어미의 냄새를 맡은 강아지가 안심하는 효과를 이용한 것이다.

아래는 기타 일반적으로 이용될 가능성이 있는 요법이다. 대부분이 과학적으로 입증된 것이 적고, 효과에는 격차가 있다.

아로마 테라피

식물에서 추출된 에센셜 오일을 희석하고 도포한다(라벤더, 로즈마리 등). 효능은 확실하지 않다.

허브 요법

히페리신, 알팔파 등이 있다. 효능은 확실하지 않다.

바하 플라워 요법(Bach flower remedise)

물 등으로 희석해 경구투여 한다. 영국에서 사람용으로 개발되었다. 단독 또는 여러 가지를 조합해 이용한다. 효능은 확실하지 않다.

마사지 요법

항불안효과가 있다고 알려져 있지만 효능은 불명이다. 말을 위해 개발되어 여러 동물에 응용된 텔링턴터치(Tellington touch, T−touch)가 잘 알려져 있다.

제8장

공격행동

이 장에서는 개와 고양이의 문제행동 중에 상담 빈도가 높은 공격행동을 다룬다. 공격행동을 발현시키는 자극의 종류를 분류하고, 공격을 일으키는 질환에 대한 정보 및 치료법에 대해 배운다.

8

공격행동

머리말

공격행동은 모든 동물이 가지고 있는 행동으로서 '정상적인 행동'이라고 말할 수 있지만, 공격의 정도나 빈도 또는 공격을 발현하는 자극이나 대상에 따라서는 문제로 간주되기도 한다. 실제 세계 각지의 문제행동 치료 전문 수의사가 다루는 증례에서 가장 많은 것이 공격행동이며, 동물의 유기 및 양도에 이르는 주된 원인이 되기도 한다. 공격행동을 나타내는 것이 대형견이라면 사람의 생명까지 위협할 가능성이 있고, 개의 생명도 위험해지게 된다(안락사). 일본에서도 도사견이나 핏불과 같은 투견 종류나 저먼 셰퍼드, 보르조이, 그레이트 댄 등의 대형 품종에 의한 치사 또는 위독한 교상 사고가 가끔 언론에 오르고 있다.

상담을 받는 개나 고양이의 공격 대상은 주인이 70 %를 차지하고, 타인, 다른 동물, 동거동물 순이다. 주인이 공격 대상이라면 '주인과 동물 사이의 정'을 유지하는 것이 매우 어려워진다. 반려동물을 기르는 것은 우리의 생활을 보다 풍요롭게 하기 위함이지, 매일 긴장하기 위해서가 아니다.

진단

공격은 개체 또는 개체에 속하는 것(예를 들어, 지위, 음식, 장난감, 사람의 가족을 포함한 무리들, 지역 등)을 지키거나 박탈당하는 것을 목적으로 한 감정을 수반하는 공격과, 포식을 목적으로 한 감정을 수반하지 않는 공격으로 양분된다. 포식공격은 섭식행동(제5장 참조)으로서, 엄밀하게 말해 공격은 아니지만 약탈 대상이 적합하지 않을 때에는 문제행동 범주로 분류되어 포식공격으로 진단된다.

공격을 포함한 모든 문제행동은 질환에 의해 유발된다. 초진 시 감별 진단이 중요하다(표 8.1). 공격행동을 유발하는 질환은 많다.

표 8.1 공격행동과 유사증상으로 감별 진단 해야하는 질환

■ 발달 이상(수두증, 편평뇌증, 간문맥 단락)
■ 감염증(광견병, 디스템퍼, 라임병, 톡소플라즈마증, 고양이 면역부전증후군, 고양이 전염성복막염)
■ 동통을 동반하는 근골격계 질환(염증성 질환, 외상, 신생물)
■ 내분비 장애(부신 기능 항진증, 갑상선 기능 저하증, 갑상선 기능 항진증)
■ 신경 질환(두개내 신생물, 간질, 허혈성 뇌증)
■ 대사성 질환(저혈당, 당뇨병)
■ 감각기 이상(시각, 청각, 촉각, 후각의 약화 혹은 소실)
■ 중독(납, 농약, 인공 첨가물 등)

개와 고양이에서 관찰되는 공격행동은 짖고, 으르렁대고, 울고, 이를 드러내고, 씩씩대고, 할퀴는 것 등이다. 강아지의 공격 대상자는 가족이나 잘 알고 있는 이웃, 특히 초등학교 아동기의 남자아이가 많은 것이 통계적으로 밝혀지고 있다.

견종에 따른 공격 경향에 차이가 있으며, 대체로 수컷에서 공격행동이 많은 것으로 알려져 있다. 고양이의 품종에 의한 공격 발현의 차이는 보고되지 않았다. 동거견 사이의 공격행동은 2마리가 동품종, 동성, 비슷한 체격, 나이 차이가 적은 경우에 생길 수 있다.

모든 공격행동은 학습 요소가 강하게 작용하고, 시간 경과에 따라 정도·빈도·발생 상황은 더욱 심해진다. 주인을 출혈에 이르기까지 무는 개는 대부분 청년기(6개월에서 2세)때부터 공격을 시작한다. 반대로 이 시기까지 공격하지 않는 개는 앞으로도 주인에 대한 공격 문제는 생기지 않는다(질환은 제외).

공격행동을 일으켰을 때, 주인의 대응이 동물에게 공포심을 주면 공격이 악화되고 주인과의 관계도 무너져 버린다. 거센 공격행동을 일으킨 개들의 대부분이 걷어차이고, 맞고, 초크(목이 일시적으로 메는 것), 목덜미를 쥐고 흔드는 등의 체벌과 강한 질책을 받은 경험이 있는 것이 보고되고 있다. 즉 공격대상이 주인인 경우, 대개 이들 관계에 문제가 있다(관계의 미구축, 신뢰 관계의 미확립, 공포를 느끼고 있는 등).

행동치료에 들어가기 전에 자신이 치료를 맡아야 할지, 아니면 보다 전문적으로 행동치료를 하고 있는 사람에게 의뢰해야 할지를 고려해야 한다. 공격의 개선이 보이지 않으면 희생자가 더 나올 수도 있고, 동물은 포기, 양도, 안락사 될 수도 있다. 경우에 따라서는 소송 문제로 발전할 수도 있다.

문제행동을 다루는 사람이 동물을 같은 기준으로 진단하는 것은 매우 중요하다. 아래에 공격행동 문진 시에 명확히 해야 할 점을 제시한다.

현재의 공격 대상을 명확히 한다

(1) 가족이나 친한 사람: 주인 또는 매우 가까운 사람(예를 들어, 동거하고 있는 타인, 자주 개를 맡아주는 사람, 도그시터 등)

(2) 타인: 택배 등의 배달부, 길에서 지나치는 사람, 동물병원 직원, 동물과의 접촉이 별로 없는 이웃 등

(3) 동거동물과 친한 동종 동물: 잘 놀거나 함께 산책을 하거나 방문하는 동물

(4) 비 동거 동종 동물: 산책 도중, 개 운동장, 공원, 동물병원 등에서 만난 동종 동물

(5) 비 동거 타종 동물: 산책 도중, 공원, 동물병원 등에서 만난 타종 동물

(6) 생물이 아닌 것

현재의 공격 정도를 명확히 한다

- 이빨이나 발톱을 대상에게 겨냥하지 않은 공격(짖다, 이빨을 드러낸다, 으르렁댄다 등)
- 이빨이나 발톱이 적중했으나, 출혈시키지 않은 공격(물린 자국, 흠집이 남는 정도)
- 대상이 움직인 것에 기인해서 이빨이나 발톱에 의한 출혈을 수반하는 공격(이빨이 닿은 것에 놀라 대상자가 손을 뗐기 때문에 생긴 찰과상이나 동물이 매달려 중력 때문에 세로로 상처가 벌어진 것에 의한 출혈, 상처 등)
- 이빨이나 발톱에 의한 출혈을 수반하는 공격(동물이 의도하여 물거나 할퀴고, 이빨이나 발톱이 피부를 할퀴어 생긴 출혈)
- 봉합 처치를 요하는 공격
- 치사 또는 그것에 가까운 공격

현재의 공격 빈도를 명확히 한다

- 매일, 격일, 매주, 한 달에 몇 번 공격하는지 실제 공격 빈도를 수치로 나타낸다.

공격당하는 신체부위를 명확히 한다

- 손, 발, 종아리, 허벅지, 팔, 엉덩이, 목, 얼굴, 꼬리 등 어느 부위인가?

공격행동의 변화 경향을 명확히 한다

- 첫 공격부터 현재까지 어느 정도의 시간이 경과 하였는가?
- 공격 대상에 대한 공격의 정도, 빈도는 어떻게 변화하였는가?

공격을 유발하는 자극들을 명확히 한다

(1) 공포 관련 공격: 대상은 공포자극(사람·동물·비생물·상황)이다. 처음에는 수동적인 공격이지만, 해당 자극을 공격에 의해 회피할 수 있었던 경험에 의한 부적강화가 작동하고 공격은 위독화, 또한 능동화 된다. 처음에는 공격 후 동물이 진정을 되찾기까지 몇 분간의 시간을 필요로 한다. 사람의 교상 부위는 손·발·엉덩이가 많다. 불안 경향이 높은 기질과 사회화 부족은 공포자극을 늘려서 공포 관련 공격을 일으키기 쉽다. 고양이에서는 공포공격이 후술하는 전가(轉嫁)공격과 동반해 발달하므로 주의가 필요하다.

(2) 갈등 관련 공격: 2개의 감정이 동시에 터져 불안을 증가시킬 때 보이는 능동적인 공격이며, 대상의 대부분은 주인이다. 예를 들어 처음에는 기분 좋게 쓰다듬을 받다가 갑자기 무는 경우(그대로 머물고 싶은 것과 슬슬 도망가고 싶다는 2가지 감정) 등이 있다. 공격의 정도는 상황에 따라 다르다.

(3) 소유욕 관련 공격: 개가 중요시하고 있는 물건에 가까이 가거나, 만지거나 그것을 뺏은 사람이나 동물에 대한 능동적 공격이다. 중요시하는 것이 없는 상황 하에서 문제는 생기지 않는다. 공격의 정도는 때에 따라 다르며 유전 형질이 관여하고 있다. 시바견, 보더 콜리, 암캐에 많다.

(4) 영역 관련 공격: 자기 영역에 들어오는 사람·동물에 대한 능동적 공격이다. 공격의 정

도는 상황에 따라 다르며 유전 형질이 관여하고 있다. 방범견의 목적으로 번식된 역사가 긴 개, 수캐에 많다. 고양이는 개보다 영역 의식이 높다.

(5) **놀이 관련 공격:** 주요 대상은 주인과 동거동물이며, 어린동물에서 많이 나타난다. 어린 개는 입으로 노는 경향이 높다, 젖니의 해부학적 특징에 의한 통증이 무는 개를 만드는 경우가 있다. 고양이에서는 포식행동 관련 놀이 행동이 주가 되며, 성숙한 이후에도 많이 보인다. 고양이에서는 조기 이유와 공격행동 발현의 관련이 지적되고 있다.

(6) **전가(轉嫁, 전위행동 중 하나) 관련 공격:** 실제의 공격 대상에게 어떤 이유(물리적인 장애)가 있어서 접근하지 못할 때, 주변에 있던 무관계의 사람·동물·사물에게 행해지는 공격이며, 이 행동은 제어되지 않는 경우가 많다. 고양이에서 많이 보이며 개에서는 매우 드물다. 이 공격에 대해 사람이 폭력적인 반응을 보이면 그 후에도 공포와 공격이 지속되게 된다.

(7) **우위성 관련 공격:** 동거견 등 친한 개, 드물게 가족 등 친한 사람 무리의 순위를 쟁취하는 능동적이고 통제된 공격이다. 개들끼리 공격의 경우 사람의 개입이 없을 때 계급이 빨리 정해지게 되어 공격의 빈도는 감소되며, 의식적인 것으로 된다(BOX 8−1 참조).

(8) **모성 관련 공격:** 수유 중의 어미가 새끼를 지키는 것을 목적으로 행하는 공격으로, 새끼에 대한 접근과 접촉을 시도하는 사람이나 동물이 대상이 되며, 이 공격은 제어되지 않는다.

(9) **특발성 관련 공격:** 원인 불명의 공격으로 유전 형질이 강하게 관여한다(잉글리시 스프링거 스파니엘, 아메리칸 코커 스파니엘, 잉글리시 코커 스파니엘 등).

(10) **포식 행동(공격):** 개에서는 소형견·고양이·소동물·까마귀 류, 유아, 고령자, 신체장애자, 고양이에서는 사육 소동물·조류가 대상이며, 빈도는 개보다 고양이가 높다. 개가 먹는 것은 극히 드물지만, 공격은 제어되지 않고 심하다. 움직임이나 냄새가 자극이 되며 감정이 원인이 되진 않는다. 유전 형질이 관여하는 개에서는 북방 품종, 하운드 종이 많다.

BOX 8-1 '우위성'이란?

이전까지는 주인을 공격하는 것을 포함한 개의 문제행동의 대부분이 '우위성'에 의한 것으로 진단되어 왔다(일명: 지배성, 권세증후군, α신드롬).

'우위성(Dominance)'은 2마리 사이에서 이루어지는 역학관계에서 가치가 있는 것(음식, 마음에 드는 잠자리, 교배 상대 등)에 대한 우선권을 뜻하는 용어이다. 따라서 '잘 짖는', '뛰어 오르는', '불러도 오지 않는', '산책할 때 이끄는' 등의 행동은 우위성과 전혀 관계없는 행동이다. 훈련이나 행동치료에 종사하는 사람조차도 오해를 하고 있기 때문에 여기서 확실히 밝혀두고자 한다. 즉, 이들의 행동은 개의 작동행동作動行動 operant behavior, 중추신경의 명령에 따라 능동적으로 수행되는 수의근의 활동)에 대해 강화물이 주어진 것에 의한 강화의 결과이며 대체행동을 훈련하지 않은 것이지, 높은 우위성이 관여하고 있는 것이 아니다. 그래서 이들을 방치하면 '우위성' 때문에 공격적으로 된다는 것은 잘못된 이해이다.

주인에게 공격을 나타내는 개를 '우위성공격'으로 진단해서 강한 리더십, 때로는 체벌을 포함한 행동(머즐 컨트롤, 목을 쥐고 흔들기, 반듯이 눕히고 복부를 누르는 등)을 행동수정법으로써 주인에게 요구해 왔었지만, 이것들은 개에게 주인의 '우위'를 알려주는 것 보다 공포를 주게되어 공격을 가중시키는 것이 분명해지고 있다.

현재, 사람과 개와의 관계를 '우위-복종' 관계로 이해하는 것은 잘못되었다고 생각하는 행동학자들이 많다는 것을 알아주길 바란다.

치료법

행동수정법

문제행동을 가진 개에 대해, 다섯 가지 자유(5 프리덤)(표 12.2 참조)에 근거한 사육 환경의 재검토가 필요하지만, 공격행동의 개에 대해서는 특히 '통증, 상해, 질병으로부터의 해방·자유', '공포와 절망으로부터의 해방, 자유', '본래의 행동 발현의 자유'를 주시하길 바란다. 이들은 앞서 말한 대로, 공격을 유발하고 심화시키는 요인으로 작동하거나 동물의 스트레스를 상승시켜 역치를 저하시킴으로써 '공격'이라는 발화를 낳는다. 5 프리덤이 보장되지 않고 있다면 주인을 지도한다.

공격행동 치료는 다른 문제행동과 마찬가지로 행동수정법이 필수적이며, 가장 중요시되어야 한다. 기본적으로는 어떤 공격이더라도 행동수정법의 내용은 공통되고 있다. 그러나 모든 항목을 권고하는 것은 실제적이지 않고, 주인의 '의욕'을 꺾을 뿐이다. 주인과 동물의 상황에 맞춰 적절하게 선택해야 한다.

주인과 개의 신뢰 관계 강화 및 좋은 감정 구축을 위한 방법

동물에게 주인을 완전히 신뢰할 수 있는 존재로 인식시키는 것을 강화하고 동물의 스트레스 수준을 낮추면 주인을 향한 공격뿐만 아니라 다른 사람이나 다른 동물에 대한 공격도 통제 할 수 있다.

- 공격에 대해 체벌 혹은 질책으로 그 대체를 하지 않는다는 것을 알려준다.
- 공격을 유발하는 자극을 주인이 하지 않도록 한다.
- 가치 있는 것(스킨십, 마음에 드는 장소로 데려가기, 산책, 먹이, 간식)을 주기 전에 간단한 명령을 내리고, 개에게 따르게 하는 접근방법을 알려준다. 그 명령을 잘 이행했을 때에는 반드시 개에게 가치 있는 것(정적강화)을 주인이 부여한다. 이른바 정적강화를 이용한 복종 훈련도 포함된다. 다만, 고양이에서는 이 방법을 선택하는 것은 드물다.
- 동물복지(제12장 참조)를 고려해 생활환경(먹이, 운동량, 스킨십, 휴식 장소 등)을 정비한다.

공격 유발 자극에 순화, 탈감작, 길항조건화, 비양립 행동분화강화

공격을 유발하는 자극을 파악했음에도 불구하고 배제하는 것이 불가능하다면 자극에 대한 탈감작과 길항조건 설정을 병용하여, 공격과는 다른 반응을 동물이 나타내도록 훈련한다. 예를 들면 발톱을 자르려고 할 때 공격하는 개가 갖는 감정은, '발톱깎이'가 '싫거나 무서운 것'이지만, 이것을 '발톱깎이'가 '좋고 즐거운 것'이란 감정으로 변화시키는 것이다. 구체적으로는, 전혀 공격을 보이지 않는 수준, 예를 들어 '발을 건드리려 한다' 부터 '발가락을 잡고 발톱을 자른다.'까지 동물에 맞추어 작은 단계로 계층화하고 정적강화와 연결시키면서(길항조건 형성), 순화시켜, 지금까지의 반응을 바꾸어가는 방법이다.

게다가 공격 이외의 행동(비양립행동)을 1개 선정하고 자극에 대해 그 행동을 취하도록 강화하면 더욱 효과가 있다. 예를 들면, 발톱깎이에 대해서 탈감작·길항조건화와 함께, 발톱깎기를 보여주면(자극) 주인의 무릎 위에 눕도록 훈련한다(비양립행동). 이 훈련에는 순차접근법과 정적강화를 이용하는 것이 중요하다.

BOX 8-2 어찌합니까? 그릇에 손을 내밀면 공격하는 개!

(1) 빈 그릇을 준다.
(2) 사료 몇 알을 그릇에 넣어 먹이고 곁을 떠난다. 개가 다 먹고 얼굴을 바라보며 다가오는 동작을 반복한다. 개가 으르렁대기 시작하면 식사 끝.
(3) 개가 으르렁대지 않고 한 번의 식사를 끝내게 될 때까지 반복한다.
(4) 한 번에 넣는 사료의 양을 점차 늘리고, 먹고 있을 때 다가가도록 한다. 으르렁대면 천천히 접근한다.
(5) 사료를 2~3회로 나누어 담는 것이 가능하게 되고, 먹고 있는 중에 가까이 가도 문제가 없어지면, 개가 먹고 있는 도중에 보너스(특별식)를 넣기 시작한다.

소유욕에 의한 공격은 개에서 자주 보인다.

병용을 권장하는 편리한 상품

공격은 생기지만, 대상자의 상해를 억제하는 의미로 입마개의 연습이나 Soft paws의 장착이 권장된다. 또 헤드 칼라와 목줄을 착용해두면 동물을 통제하기 쉬워 진다. Soft paws 외에는 사고를 막기 위해, 주인이 감시할 수 있는 시간에만 해야 한다. 공포와 관련된 공격을 나타내면 보디랩(Body wrap), 카밍밴드(Calming band), 카밍캡(Calming cap) 등의 병용이 권장된다.

약물요법

약물요법은 보조요법이며, 약의 부작용 등의 사전설명을 실시한 다음, 주인이 원한다면 약물요법의 병용이 권고된다. 사용 약물이 동물약품으로서 인가를 받지 않은 경우 그 취지를 반드시 주인에게 전달할 필요가 있다. 불안 때문에 공격이 과도한 동물에서는 약물의 항불안 작용에 의해 되려 공격이 심해지는 경우가 있으므로 주의해야 한다. 또 일부 약물은 약효가 나타나기까지 몇 주 동안 투여가 필요하다. 약물에 대해서는 BOX 7-8의 표를 참조해 주었으면 한다.

기타요법

수컷의 중성화 수술(거세 수술)

암캐를 둘러싼 스트레스와 영역의식이 관여하는 공격성을 낮추는 목적으로 권고된다. 다른 수캐로의 공격을 거는 기회도 줄어든다. 그러나 중성화 수술에 의해 공격행동이 나아질 것이라는 오해를 주인에게 심어주면 안 된다. 어떤 보고에 의하면 25 % 정도의 개에서 공격이 저하되는 것(소실은 아니다)에 불과하다.

암컷의 중성화 수술(불임 수술)

불임 수술이 공격행동도 감소시킨다는 분명한 증거는 전혀 없다. 발정주기와 공격이 관련되었을 때, 예를 들어 거짓 임신으로 인한 모성 공격에는 치료로써 권고된다(건강상의 이유, 임신을 피하는 등 다른 목적으로 권고되는 경우가 많다).

송곳니 절단

주인이 강한 공포감을 동물에 대해 갖고 있을 때 그 공포를 완화시킬 목적으로, 또는 실제로 교상을 완화시킬 목적으로(가장 심한 것은 송곳니에 의한 것이기 때문)는 적용될 수도 있다. 다만 치수(齒髓) 처리를 하지 않으면, 통증이 공격행동을 더 심화시키는 경우가 많으므로 적절한 조치가 필수적이다.

절건술(切腱術)

주인이 동물에 대해 강한 공포감을 갖고 있을 때 그 공포를 완화시킬 목적으로, 또는 긁힐 상처를 완화시킬 목적으로 적용된다. 그러나 가장 좋은 선택은 Soft paws착용(BOX 7-6)이다. 또 발톱깎이에 대해 순화시키면 발톱에 의한 공격의 피해는 충분히 줄일 수 있다. 수술한 고양이는 안전을 위해서 밖에 내보내서는 안 된다.

페로몬요법

개, 고양이 모두 합성 페로몬이 여러 가지 형태(스프레이, 전기 확산기, 컬러 등)에서 시판되고 있다. 동물의 불안 수준을 낮추는 것은 공격의 역치를 낮추는 것이므로 바람직하다.

식이요법과 보조제

세로토닌 수치의 상승을 목적으로 한 저단백 식이의 급여와 트립토판의 첨가, L-테아닌, α-s1트립틱카제인 등의 보조제의 병용도 동물에 따라서는 효과적이다.

BOX 8-3 공격행동은 고쳐지는가?

그 동물이 두 번 다시 공격행동을 일으키지 않는다는 보장은 안락사 외에는 없다. 공격행동의 치료는 치료라기보다는 동물을 통제 하에 두거나 제어하는 것이다. 이는 결코 '동물 우위에 서라' 는 것은 아니다. 동물이 항상 주인의 권고를 기다리는 행동 습관을 형성하는 것과 동시에 주인이 동물의 행동을 예측 가능할 만큼 이해함으로써 가능해 진다.

공격이 다시 일어나지 않다는 보증을 줄 수 없으니 행동치료에 들어가기 전에 주인은 위험성 있는 동물과 앞으로도 함께 살 각오를 할 필요가 있다. 만약 더이상의 공격에 견딜 수 없다는 생각이 강하다면 안락사가 하나의 선택일지도 모른다. 그만큼 공격행동은 중대한 것임을 인식하고 임해야한다. 가족 구성, 동물의 크기, 공격을 유발하는 자극을 예측할 수 있는지, 지금까지 공격의 정도 등은 예후를 상담하는 데 중요한 요소이다. 판단 기준의 결정권은 주인에게 있는 것을 항상 잊어서는 안 된다.

그러나 행동치료를 실시하는 쪽에서는 거센 공격행동을 가진 개의 주인이 치료를 통해 개에 대해 자신감을 높이고, 개도 주인에 대한 애착을 강화하는 모습을 보여 주며, 치료 종료 즈음에는 '이렇게 귀여운 개인줄 몰랐다' 라고 생각하는 주인의 기쁨을 나누는 행복 또한 동물 심리치료의 참다운 맛이라고 할 수 있다.

[증례 1] 말티즈, 3살, 수컷

가족 구성은 아버지(40세), 어머니(38세), 딸(15세)로 3명이며, 동거동물은 없다. 1개월령일 때 펫숍에서 구입했다. 1년령쯤 딸이 자고 있는 개를 쓰다듬고 안아 올렸을 때 무는 행동을 보이기 시작했다. 물었을 때 주둥이를 세게 쥐라고 수의사에게 지도 받았지만, 심하게 물려, 두세 번 하고나자 주둥이 주위로 손을 가까이 댈 수도 없게 되었다. 지금까지 가장 심한 공격은 자고 있는 개의 발을 잘못 밟은 아버지에 대한 것으로 발에 달려들어 물고, 떼려 하는 손도 물려, 십 수 곳에 피가 나는 상처를 입혔다. 공격은 점차 심해져, 현재는 가족 전체에 대해 여러 상황에서 매일 몇 번씩 물고, 1주일에 한 번은 피가 맺힐 정도로 누군가의 손이나 손가락 끝을 물지만, 가족은 이 개를 좋아하고 귀여워하고 있다. 단골 동물병원에서 본원을 소개받아 개를 데리고 어머니가 내원했다.

내원시의 행동 관찰

강아지의 목줄을 풀면 소파에 앉은 주인 무릎위에 뛰어오르고, 몇 분을 보낸 뒤 방을 탐색한다. 인형이나 소리에 강한 반응을 보이며 짖고, 부르면 1 m 정도까지는 다가오지만 손을 내밀면 떠난다. 1시간 정도 경과한 후, 스스로 상담사의 무릎에 올라왔다. 간식을 내밀면 아주 좋은 매너로 먹는다. 장난감을 던져주면 주워온다. 간식의 교환에서도 순조롭게 내어 놓았다. 제3자가 방에 들어오자 으르렁대며 격렬하게 짖어댄다. 유도에 의한 '앉아', '엎드려' 에 대한 반응은 양호하지만 진료대에 올리면 부들부들 떤다. 촉진은 문제없이 실시할 수 있지만 긴장하고 몸에 힘이 들어가 있어 불안해 한다.

진단

공포 관련 공격행동으로 진단했다. 의도하지 않는 주인의 행동이 개에게 통증을 주거나 공포를 주고 있는 것 같다.

지도 내용(제1-4주)

공포자극 제거를 목적으로, 아래의 내용을 권고했다.

- 산책 후 직접 발을 닦아주지 말고 현관에 타월을 깐다, 5분 동안 껌을 주고 방치한다.
- 자는 개를 만지지 않도록 하고, 실수로 밟지 않도록 한다.
- 겨드랑이 아래에 손을 넣고 안아 올리는 것이 아픔을 주고 있기 때문에, 올바른 방법으로 안게 한다.
- 목걸이를 차고 푸는 것에 대해서는 목걸이에 짧은 목줄을 채운 채로 두고, 산책 때는 짧은 목줄에 산책용 목줄을 채운다.
- 샴푸와 드라이는 펫숍에 의뢰한다.

또 복종 훈련을 매일 10분간 하도록 메뉴를 작성하고 지도했다. 또, 노는 것이나 산책 등 가치 있는 것을 하기 전에 '앉아, 기다려'를 3초간 실시하는 것과 주인과의 놀이시간 증가(10분간 X 4번: 아버지 1회, 어머니 1회, 딸 2회)를 권고했다. 으르렁 댔을 때와 한 번의 명령에 따르지 않았을 때의 대처로서는 '완전한 무시 30초'를 지도했다. 또, 중성화 수술을 제안했는데, 수술은 가족회의 결과 하지 않는 쪽을 선택했다.

경과(제1-4주)

4주가 끝날 때 쯤에는 주인에 대해 으르렁대는 것이 없어져 주인도 그 상황을 피할 수 있게 되었다. 주인의 말들에 대한 반응이 빨라지고 얼굴을 자주 보게 되었다. 명령을 한 번에 따르는 횟수가 늘어났다.

지도 내용(제5-8주)

제1~4주의 권고의 지속과 입마개 연습을 지도했다. 또 수건으로 발을 가볍게 만지거나, 한쪽 발을 들어 올린다. 들어 올린 다리를 가볍게 수건으로 만진다. 앞발을 순차적으로 들어 올려 가볍게 수건을 댄다. 네 다리를 차례로 들어 올려 가볍게 수건을 대고 30초까지 닦는 시간을 점차 늘리도록 발을 닦는 것의 탈감작을 지도했다. 또, 닭가슴살이나 핫케이크를 이용한 길항조건화도 지도했다. 그리고 목걸이를 그만두고 하네스(harness)를 제안하고 하네스에 순화시키는 것을 지도했다.

경과(제5-8주)

8주가 끝날 때 쯤에는 입마개의 장착, 산책 후의 발닦기, 하네스를 끼우고 벗는 것을 문제없이 실시할 수 있게 되었다. 주인은 만족했고 경과추적 종료했다.

[증례 2] 잡종 고양이, 4살, 수컷(중성화 됨)

가족 구성은 아버지(32세), 어머니(27세), 딸(2세)로 3식구이고, 동거동물은 고양이(17세, 암컷, 중성화 후)이며, 동거 고양이와 사이가 나빠서 거주 공간을 1층과 2층으로 나누어 사육하고 있다. 눈을 막 떴을 때 쯤 부터 인공포유로 키웠다. 고양이가 뛸 수 있게 되었을 때 쯤 어머니의 다리로 뛰어들어 무는 행동이 시작되었다. 1살 때에는 공격행동이 심해져 계단에 잠복했다가 갑자기 어딘가에서 나타나고, 뛰어들며 몸을 부풀려 접근해 달려들어 물게 되었다. 공격 대상은 어머니와 딸이다. 어머니에 대해서는 하루에 3~4회, 출혈하는 상처가 남을 만큼은 아니지만 가볍게 물린 것 같은 흉터가 남는다. 딸에게는 집요하게 괴롭힘 당했을 때뿐이며, 으르렁대는 정도이다. 단골 동물병원에서 소개를 받아, 상담에 어머니, 딸, 할머니, 고양이가 내원했다.

내원시의 행동 관찰

케이지를 열자 바로 나와 기지개를 켰다. 실내를 한 바퀴 돌고, 창문을 바라보며, 캣타워에 올라가거나 가족과 상담사의 무릎에 올라탔다. 쓰다듬어 주려고 하면 으르렁댔고 계속 쓰다듬으면 발차기가 시작되고 물려고 한다. 강아지풀에 크게 반응하고 흥분한다.

진단

놀이에 의한 공격행동(포식공격행동을 포함)이라고 진단했다. 아기 고양이 때부터 사육에 의한 행동 강화와 아이가 태어난 것에 기인한 운동량이나 스킨십 감소로 인한 스트레스가 원인으로 보인다.

지도 내용

환경을 정돈해 생활의 질을 높이는 것을 지도했다. 포식행동을 충분히 만족시키는 놀이 기회를 주도록, 낚싯대 끝에 쥐를 매달고 고양이 낚시놀이, 작은 창문을 뚫은 상자 안에 움직이는 쥐 장난감을 넣는 놀이를 지도했다. 또, 하네스를 착용하고 보행 연습으로 산책을 지도했다. 또 고양이용 비디오(사냥 편)의 구입을 제안했고 식이(사료)는 여기저기에 던져 주도록 권고했다. 또 높은 곳으로 올라감으로써 아이로부터 달아날 수 있도록 가구를 배치하거나 창문에 돌출침대를 붙여 두어 밖을 볼 수 있도록 지도했다. 강화의 제거를 위해 물어도 반응하지 않도록 당분간 무릎아래 보호대를 착용하도록 지도하고 Soft paws 착용을 제안했다.

경과

8주 차의 시점, 주인에게 덤벼들지만 일주일에 1회 정도까지 감소했다. 고양이 발톱용 캡(soft paws)에 의해 피해는 거의 없어졌다. 주인이 고양이의 행동을 예측할 수 있게 되어 공격으로부터 몸을 피하는 것도 잘 하게 되어 경과추적 종료했다.

[증례 3] 보더 콜리, 1살, 암컷

25세 여성 독신거주이며, 동거동물은 없다. 신문 광고를 보고 6주령일 때 브리더에게서 직접 개를 구입했다. 그러나 어미나 다른 개는 보여 주지 않았다. 혈통서는 없다. 키우기 시작했을 때부터 식이를 주면 울부짖으며 먹는다. 울면 식기를 뺏도록 조언을 받아 그 지시대로 했다가 물려버렸기 때문에, 그 이후로는 먹고 있을 때에는 가까이하지 않으려 한다. 6개월령부터 6개월간 근처의 개 훈련소의 예탁 훈련에 보냈는데, 훈련소에서 훈련사를 몇 번 물어, 상처를 낸 것으로 알려졌다. 2주 전에 돌아왔지만, 먹을 것에 대한 집착이 심해지고 있다. 다음날 빗질을 하려 목줄을 들고 오자 물려하고, 이빨을 드러냈기 때문에 주인은 놀라 도망쳤다. 체중도 줄고 있는지 마른 것처럼 보이고, 생김새도 바뀌고 있고, 의심하는 듯이 계속 바라보며 으르렁 댈 때가 있다. '앉아', '엎드려', '따라와' 등에는 완벽하게 따르고 있으나 꼬리를 항상 숨기고 있다. 1주일 전에는, 출근할 때 케이지에 넣으려 목걸이를 들었다가 물렸다.

그 뒤, 개를 그대로 방치한 채 주인은 병원에서 3바늘을 꿰맸다. 훈련소에 전화를 했더니, 같은 곳에서는 다루지 못한다고 했다. 책을 읽고 본원을 알게 되어 예약했다. 현재는 매일 몇 차례 이상 으르렁대고 물려고 한다. 실제로 물린 것은 1주일 전의 사건뿐이다.

내원시의 행동 관찰

움직이지 않고 주인의 발밑에 엎드려 있다. 상담사와 시선이 맞자 낮게 으르렁 댄다. 안전을 생각해 목줄을 놓지 말아달라고 했다. 주인은 물린 것이 있어서인지, 개에게 강한 공포를 느끼고 있으나 자신의 책임을 다하고 싶다는 의욕이 있다. 개는 상담사가 먼 거리에서 먹이를 던져주니 먹었다. 또, 조금씩 접근해가며 던진 것도 먹었다. 시간을 두고 '앉아'를 명령하자 바로 따르고, 손에서 먹이를 먹었다. 그러나 손과 발의 작은 움직임에 민감하게 반응하고 움츠러 들었다. 특히 얼굴 주변에 손을 뻗으면 거부를 나타낸다. 상담사가 목줄을 잡고 산책을 나가 도중에 입마개를 채웠더니 문제없이 할 수 있었다. 진료대에 올리자 울부짖으며 저항했지만, 채혈, 전신의 촉진은 보통 보정법 만으로도 가능했다. 특별히 문제가 되는 신체적 증상은 없었다.

진단

공포와 불안, 소유욕이 관련된 공격행동으로 진단했다. 훈련소에서 체벌을 받았을 가능성이 있어 몸을 지키기 위한 공격이 능동공격으로 변화했다고 본다. 주인과의 신뢰 관계가 전혀 형성되지 않은 상태였다.

지도내용(제1~4주)

공포자극의 제거를 위해 울부짖었을 때의 상황을 모두 기록, 그 상황을 피하도록 권고했다. 케이지에 넣을 때에는 간식으로 유도하고, 들어가면 칭찬하고, 즉시 간식을 주도록 지도했다. 목줄은 채워놓도록 권고하고, 빗질은 하지 않도록 지도했다. 계속 바라보지 않도록 하고, 눈이 마주쳤다면 싱긋 웃으며 시선을 확실히 돌리도록 권고했다. 또 복종 훈련을 매일 10분간 하도록 매뉴얼을 작성해 주었다. 즐거운 훈련이 되도록 말투에 주의하고, 따르면 칭찬하며, 포상으로 음식을 바닥에 던지도록 권고했다. 운동 시간의 확보를 위해 아침에는 20분 산책과 자전거 20분, 밤에는 20분 산책과 긴 목줄을 채운 채 프리스비(Frisbee, 원반놀이) 15분을 제안했다. 으르렁 댄 경우나, 복종 훈련에서 한 번에 명령을 따르지 않았을 때의 대처로서 '완전한 무시 30초'를 지도했다. 또, 염산 클로미프라민 1.6 mg/kg을 하루 2회로 처방했다.

경과(1~4주)

4주 차에는 주인을 노려보는 것이 없어졌다. 으르렁대는 횟수도 줄어들었지만, 4주째 다 먹은 밥그릇을 빼려할 때 개에게 물려 피가 난 이후에는, 개를 다른 방으로 불러 대기시키고 그릇을 치우고 상을 주도록 권고했다. 개는 복종 훈련을 즐기는 듯이, "훈련 할까?" 라고 하면 꼬리를 흔들게 되었다. 산책과 자전거 운동은 되고 있지만, 밤의 프리스비는 되지 않을 때가 많았다. 약물 투여는 순조롭다.

지도내용(5~8주)

1~4주의 권고내용이 계속되도록 지도했다. 완벽하게 따르게 된 행동교정에 대해서는 포상으로 주는 음식을 그만두게 하였다. 밤의 프리스비 운동을 자전거 산책으로 변경하였으며, 입마개 연습을 지도하고, 염산 클로미프라민 1.6 mg/kg을 하루 2회 계속 투여하기로 했다.

경과(5~8주)

8주 차 끝에는 입마개의 끈을 목 뒤로 돌려 잠금 장치를 맞추는 단계까지 나아갔다. 으르렁 대는 것은 4주 동안 6회로 격감했다. 도중에 한번 주인의 양말을 입에 넣어서 뺏으려 할 때 물려서 출혈이 있었기 때문에 '교환'에 대한 교육법을 연습하도록 훈련 메뉴얼에 넣었다. 주인은 계속 치료를 희망했다.

지도 내용(9~12주)

5~8주 권고내용이 계속되도록 지도했다. 또, 염산 클로미프라민의 감약·휴약 내용이 프로그램에 들어갔다.

경과(9~12주)

으르렁 대는 것은 4주 동안 2회로 줄었으며, 물린 일도 없었다. 입마개를 하고 5분 동안 있을 수 있게 되고 입마개를 보여 주면 스스로 코부분을 넣게 되었다. 상담 중, 개에게 자유롭게 실내 탐색을 하게 해보았지만 침착하게 냄새를 맡으며 걸었다. 상담사가 말을 걸자 꼬리를 흔들었다. 복종 훈련 때의 태도도 매우 밝아서 경과추적 종료했다. 그 후 주인과 개는 훈련교실을 8주간 다녔다.

[증례 4] 잡종 고양이 2살, 수컷(중성화 됨)

남편(28세)과 아내(29세)의 2인 가족이며, 동거동물은 없다. 근처에서 태어난 고양이를 50일령쯤 받았다. 아무 문제없이 부부와 고양이의 즐거운 생활을 하고 있었지만, 1주일 전에 아내가 부엌에서 집안일을 하고 있던 중, 갑자기 고양이의 큰소리가 들려서 달려가니 습격을 당했고, 놀라서 도망갔지만 바로 발에 달라붙은 고양이에게 물린 아내는 병원에서 6바늘을 꿰맸다. 그 후 부인을 보면 카-카-거리거나, 달려들려고 하기 때문에, 케이지(고양이용 케이지. 큰 것. 원래 8시간 정도는 이곳에서 생활하고 있었음)에 넣어 둔 채 현재 고양이의 관리는 모두 남편이 하고 있다. 단골 동물병원에서 본원이 소개되어, 상담을 위해 부부가 내원했다. 아내가 위험하다는 이유로 고양이는 데려오지 않았다. 아내는 임신 5개월이다.

진단

전가공격과 공포 관련 공격이라고 진단했다. 아마도 도둑 고양이가 창문 앞에 있었고, 그 고양이가 으르렁 댔을 때에 황급히 나타난 아내에게 공격이 전가되었다고 생각한다. 공격 시 아내의 대응이 고양이에게 공포를 주고, 이후에는 공포에 의한 공격행동이 되었다고 본다.

지도 내용

아내와 태아의 안전을 생각해 고양이의 양도를 희망하는지 물어보았지만, 아내는 이전의 관계로 돌아갈 수 있도록 노력하고 싶다는 의지가 강했다. 그리하여 계통적 탈감작과 길항조건화의 프로그램을 작성했다. 같은 것을 3번 성공하면 다음 단계로 이행하도록 하고, 실패가 3번 계속되면 이전 단계로 돌아온 후, 다음 단계를 새로 생각하도록 지도했다.

프로그램 내용은 다음과 같다.

(1) 고양이를 케이지에 넣고 남편이 아내와 함께 케이지에 다가가 고양이에게 최고의 포상(훈련 때만 준다. 이 고양이의 경우는 치즈 또는 닭가슴살이었다)을 주고 바로 그 자리를 떠난다.
(2) 고양이가 으르렁 대지 않는 거리에서 걷기 시작해, 으르렁 대지 않는 거리에서 아내는 기다리고, 남편이 포상을 주도록 하고 조금씩 거리를 좁힌다. 으르렁 대지 않고 케이지까지 도달하게 된다면 포상을 아내가 주도록 한다.
(3) 말을 걸며 케이지의 주위를 돌면서 포상을 준다. 그 다음 문을 열고, 말을 걸며, 포상을 준다.
(4) 문을 열고 고양이를 불러내, 케이지 밖에서 포상을 준다.
(5) 문을 활짝 열어젖히고 소파에 앉아 고양이를 불러, 고양이가 오면 포상을 준다.
(6) 한번 쓰다듬으며, 포상을 준다.

경과

2주 만에 관계는 회복되었고, 주인이 만족해서 경과추적 종료했다.

MEMO

제9장

불안 및 공포행동

공포를 느낄 때 개나 고양이의 행동은 사람에게 문제로 인식된다. 몸을 지키기 위한 공격행동이나 전위행동이 이에 포함되지만, 이 장에서는 공격을 제외한 행동과 그 대처를 배운다.

9
불안 및 공포행동

머리말

공포는 동물에게 유해한 상황 또는 사건에 대해 생기는 정상적인 반응으로, 위협 대상이 정해져 있다(실제 증례에서는 모르는 경우도 있다). 공포반응은 공격, 도주, 패닉, 또는 부동화가 있다(제8장 참조). 개나 고양이의 사회화기에 공포자극에 대한 감수성이 개는 8주령, 고양이는 6주령 일 때 일시적으로 높다. 이 시기에 경험한 강한 공포와 엮인 자극은 평생에 걸쳐 공포반응을 일으키는 인자가 될 수 있다.

사회화기(제2장 참조)에 비공포대상으로서의 인식·경험하지 못한 많은 조건(상황, 사람, 동물, 비생물)들은 그 개체에게 미래의 공포자극이 될 수 있다. 즉, 사회화 부족은 공포자극을 증가시키는 결과가 된다.

한편, 불안은 불쾌감이 생길 것 같은 사건이나 유해한 상황이 발생하는 경우, 예측에 기인한 막연한 공포 감각, 반복되는 발작과 패닉으로 정의된다. 공포는 불안을 구성하는 주요 인자가 된다.

이 장에서는 소리, 장소, 상황에 대한 공포증과 분리불안을 다룬다. 공포증을 가지고 있는 동물은 분리불안을, 분리불안을 가지고 있는 동물은 공포증을 각각 병발하기 쉽다. 행동치료 시에 주인의 자세한 설명이 필요하다.

진단

공포, 불안반응은 제어하기 힘들며 구체적으로 관찰되는 행동은 도주, 패닉, 호흡증가, 침흘림, 구멍 파기, 자학, 파괴(문과 창문 등 탈주로의 장애물에 돌진하는 경우가 많다), 배설, 구토, 상동행동, 도피, 부동화 등이 있다. 이런 반응들은 방치하면 점차 커져간다.

주인의 '달래기'가 강화로 작동하여 공포, 불안반응을 조장시키는 경우가 많다. 질환 유래, 훈련 부족 등에서도 같은 행동이 관찰되지만 공포, 불안반응은 특정 자극과 상황에 대해서만 반응하는 것이 감별 사항이다.

공포증

천둥과 불꽃 등 특정 소리 자극, 동물병원이나 드라이브 등 특정 장소 또는 상황에 대한 지나친 공포반응을 공포증이라 한다. 주인은 자극을 특정 지을 수 있다. 자극이 존재하지 않으면 이들의 반응은 일어나지 않는다. 유사자극에 대해서는 반화하기 쉽다.

분리불안

분리의 상황(집보기, 야간 등)을 동물이 예측할 때부터 생기는 불안반응(분리시가 아님)을 분리불안이라 한다. 사회성이 높은 개에서 보이는 가벼운 불안반응은 정상적 범주에 포함되지만, 심할 때는 문제시된다. 고양이에서는 드물다. 동료(가족, 특정인, 동거동물)로부터 떨어진다는 상황 불안의 일종이다.

치료법

행동수정법

공포·불안의 문제를 가진 개에 대해서도, 다섯 가지 자유(5 프리덤)(표 12.2 참조)에 근거한 사육 환경의 재검토가 필요하다. 특히 '불쾌한 환경으로부터의 해방, 자유', '정상적인 행동을 나타낼 자유'를 주시하자.

동물의 자신감이나 자립심을 기른다

아래 서술하는 내용은 개에 대한 적용할 수 있는 것이다

(1) **정적강화법에 근거한 복종 훈련:** 특히 '앉아서 기다려', '엎드려서 기다려(쉬어)' 등 편안한 자세를 유지하는 연습이 권고된다.

(2) **개가 스스로 편안하게 하는 훈련:** 개에게 명령을 하지 않고, 전혀 관심도 보이지 않은 채 목줄을 짧게 유지한다. 개가 스스로 자리에 누워 진정되면, 천천히 쓰다듬거나 부드럽게 말을 거는 등의 상을 준다.

공포, 불안반응을 유발하는 자극에 대한 탈감작과 길항조건화

공포반응을 유발하는 자극에 대해서는 탈감작과 길항조건화를 병용하며 반응을 변화시킨다. 즉, 자극원인이 소리라면 작은 소리부터 순서대로 길들인다(효과음 CD가 도움이 될 것). 예를 들어 동물병원 공포증이 있으면 길항조건화(정적강화를 준다)를 병용하면서 동물병원까지 가는 거리를 서서히 줄인다(계통적 탈감작). 공포반응에 대해 계통적 탈감작을 할 때 주의할 점은 자극 강도의 조절이다. 길항조건화의 주의점은 강화가 자극에 영향을 주지 않을 것, 동물에게 매력적인 강화를 이용하는 것이다. 부록에 드라이브 공포증에 대한 주인의 자세에 대해 설명문을 게재했다. 계통적 탈감작과 길항조건화를 이용한 것이지만, 공포증 치료시 주인에 대한 설명이 참고가 될 것이다.

분리불안에서는 분리시간을 몇 초 단위에서 30분 정도까지 서서히 늘린다(모의 외출). 계통적 탈감작 동물이 분리와 연결시키고 있는 주인의 행동(신호)을 분리와는 전혀 무관하게 몇 번이든 제시하는 탈감작이 권고된다.

대체행동 분화강화

동물에 따라서는 공포를 느낄 때 대체행동으로써 기분 좋게 안심할 수 있는 조용한 어두운 장소(크레이트)에 가는 것을 강화하는 것이 도움이 될 것이다(부록 참조). 그러나 그곳에 감금시키는 것은 반대로 공포·불안반응을 증강시킬 가능성이 있고, 도피를 시도하고 자학하기도 하므로, 문은 열어둔 채 두는 것이 바람직하다.

약물요법

공포증의 반응이 너무 강해서 제한된 자극에도 개의 감정 통제가 불가능한 때는, 행동요법에 임할 수 없는 상황이 생긴다. 이 경우는 약물요법 병용이 권고된다. 분리불안이 약물을 병용함으로써 개선이 더욱 빨라지는 것이 보고되고 있다. 사전설명에 대해서는 제8장을, 약물에 대해서는 BOX 7-8의 표를 참조하길 바란다. 덧붙여 클로미캄(염산 클로미프라민)은 일본에서 유일하게 동물 행동치료용 보조약물로서 개의 분리불안에 대한 처방 인가를 받은 약물이다.

기타요법

페로몬요법

동물의 불안 수준을 낮추는 것을 목적으로 이들의 사용이 권장된다.

식이요법과 보조제

세로토닌 수치의 상승을 목적으로 한 저단백식이의 사육과 트립토판의 첨가, L-테아닌, α-s1트립틱카제인 등의 보조제 병용도 동물에 따라서는 효과적이다.

[증례 5] 셰틀랜드 쉽독, 3살, 수컷(중성화 됨)

남편(68세)과 아내(64세) 2인 가족이며, 동거동물은 없다. 작년에 불꽃놀이에 데려가 자동차에서 내린 순간 패닉을 일으켰다. 그 후, 폭죽 소리(매주 일요일, 근처 슈퍼의 특별판매 날에 터뜨린다), 번개, 냄비 떨어뜨리는 소리 등 큰 소리에 대해서 떨고, 배뇨하며 도망쳐 달아났다. 주인이 외출해서 집안에 없을 때 천둥이 쳤는데, 커튼이 다 뽑히고 거실 전체가 침과 소변으로 얼룩져 있었다. 현재는 미리 불꽃놀이 폭죽이 울리기 전이나 천둥이 칠 것 같은 날에는 멀리 나가 가급적 마주치지 않게 하고 있다. 집에 있늘 때 큰 소리가 나서 떨기 시작하면, 주인이 끌어안고 '괜찮다' 라고 말을 걸고 있다(무릎 위에서 배뇨한다). 그 외의 면에서는 전혀 문제가 없다. 단골 동물병원에서 소개받아, 상담에는 부부와 개가 내원했다.

내원시의 행동 관찰

소파에 앉은 부부 사이에 엎드려 조용히 있는다. 개 짖는 소리나 실내에 타인의 출입에 전혀 반응하지 않는다. 부부는 상담 중에도 개를 바라보고 자주 개에게 말을 건넨다. 개도 부부의 얼굴을 자주 본다. 데모 테이프(폭죽 소리)를 작은 음량으로 들려주니, 일어서서 귀를 세우고 점차 떨기 시작했기 때문에 중단했다. 그 후 3분 정도 지나자 진정하고 다시 엎드렸다. 그 사이 주인은 계속 개를 쓰다듬었다.

진단

음향 공포증으로 진단했다. 불꽃놀이 폭죽의 소리로 시작해 큰소리에 대한 전반적인 공포가 있다고 생각된다. 주인의 대응이 강화로서 작동하고 있을 가능성이 크다.

지도 내용(제1~4주)

불꽃놀이 소리 CD를 이용한 탈감작과 길항조건형성을 지도했다. 음량크기 1을 옆방에서 틀기를 비롯해, 식사 시간과 맞춤형 놀이 시간을 이용한 하루 3회 탈감작과 길항조건화를 실시한다. 크기를 높이는 속도는 서두르지 않도록 지도했다. 또 탈감작이 끝날 때까지, 예상 가능한 자극은 종전처럼 피한다. 만약 예기치 않게 소리가 울리고 개가 공포를 나타내면(부들부들 떠는 등), 마치 안 들린 것처럼 주인이 박장대소하며 다른 방으로 이동하도록 권고한다(강화 배제). 만약 안 떨면 크게 칭찬을 하고 바로 놀도록 유도하게 했다. 공포를 느낄 때는 크레이트의 문을 열어놓고 크레이트로 갈 수 있도록 크레이트 훈련을 제안했다.

경과(제1~4주)

처음에는 진행속도가 늦었지만, 4주 차에는 소리 7(이 플레이어는 소리 15가 최고치)까지 높여도 태연히 식사하고, 놀 수 있게 되었다. 훈련기간 동안 무서워하는 소리를 직접 경험한 적이 없다. 크레이트를 마음에 들어 해 특별한 용무가 없을 때에도 들어가는 경우가 많다.

지도 내용(제5~8주)

탈감작을 계속하도록 권고했다. 또 자극을 피하는 것을 그만두고, 실제 대형 불꽃놀이 폭죽 소리에 맞서는 것을 제안하고 개가 불안을 보일 때 가족의 대응에 대해 다시 설명했다.

경과(제5~8주)

탈감작은 최고 음량으로도 괜찮아졌다. 5주째에 슈퍼마켓에서 폭죽소리가 났을 때 부부를 응시했기 때문에, 둘이서 웃으며 침실로 이동하고 침대위에서 웃고 있었더니, 강아지도 침대로 뛰어올라 왔으며 강아지를 쓰다듬어주며 놀아 주었다. 이 때 개는 떨지 않았다. 6주 차 때도 부부를 슬쩍 응시했지만, 웃으며 식탁 테이블로 이동했더니 개는 크레이트로 들어갔다. 7주째, 8주째는 귀만 움직이는 정도로 공포반응이 없었다. 주인은 현상에 만족했고 가끔 테이프를 들려주는 것을 제안한 다음 경과추적 종료했다.

[증례 6] 콜리, 2살, 암컷

아버지(47세), 어머니(43세), 아들(16세), 딸(14세) 의 4인 가족이며, 동거동물은 없다. 개를 지인으로부터 2주 전에 받았다. 자동차에 들어서면 순간 허둥거리고 대량의 침을 흘리고 호흡이 가빠지며 계속 킁킁거린다. 오늘도 병원까지 오는 20분 동안 계속 돌아다니고, 자동차 안은 침투성이가 되었다. 예전 상황은 알 수 없다. 자동차는 미니밴, 개는 뒤에 매트를 깔고 자유롭게 움직일 수 있는 상태로 실려 있다. 산책 중 알게 된 이웃으로부터 본원을 소개받아, 어머니와 개가 상담에 내원했다.

내원 시의 행동 관찰

내원 시 가슴 앞부분이 침투성이였지만 몇 분 후 진정되고 주인의 발밑에 엎드렸다. 복종 훈련은 완벽하고 사람, 다른 개에 대한 태도도 매우 좋다.

진단

드라이브 공포로 진단했다.

지도 내용

자동차에 케이지를 두는 것을 제안하고 훈련 1시간 전에 테아닌을 먹이도록 권고했다. 계통적 탈감작과 길항조건화의 프로그램을 작성했다. 같은 것을 3번 성공하면 다음 단계로 이행하게 했고, 개가 진정되지 않으면, 전 단계로 돌아간다. 그 다음에는 각각의 단계를 생각해 실시한다.

프로그램 내용은 다음과 같다.

(1) 자동차 내의 케이지 안에서 음식을 섭취(자동차는 멈춘 상태)하고 그 후 자동차에서 내리고, 자동차의 케이지에 특별 간식을 하루 3번 먹으러 간다.
(2) 자동차의 케이지 안에서 식사하고 있는 도중에 시동을 걸고 10초 후에 끈다. 특별 간식을 먹은 뒤 5분간 "엎드려"를 명령하여, 자동차에 탄 채로 있게 하고(주인은 좌석에서 독서), 해제 후 포상을 준다.
(3) 식사 도중 시동을 걸고 특별 간식을 먹은 뒤, 10분간 "엎드려"를 명령하고 자동차에 탄 채로 있게 하고(주인은 좌석에서 독서), 그 자세를 해제시킨 후 포상을 준다.
(4) 자동차의 케이지에 태우고, "엎드려"를 명령한 후 차로 2분 정도 거리에 있는 공원에 나가 실컷 놀고 돌아올 때는 케이지 안에서 특별 간식을 주고 5분간 기다렸다가, 운전해서 곧바로 집으로 돌아온다.
(5) 조금 우회해, 5분 정도 드라이브하고 공원에 놀러 간다.
(6) 15분 정도의 드라이브를 실시한다.
(7) 30분 정도의 드라이브를 실시한다.

경과

3주 동안 (7)까지 종료하고 3주차의 단계에서 자동차에 타면 명령하지 않아도 엎드려 있게 되었다. 내원시 드라이브에는 문제는 없었다. 주인은 경과를 보면서 해나가기로 했고 경과추적 종료했다. 또한 테아닌은 2주간 먹였지만 3주째는 먹지 않고도 훈련을 계속했다.

[증례 7] 시츄, 3살, 암컷(중성화 됨)

남편(39세)과 아내(36세)의 2인 가족이며, 동거동물은 없고, 4개월령일 때 펫숍에서 구입했다. 2년령일 때, 집 지킬 때의 파괴행동 등을 상담한 로컬 동물병원에서 분리불안이라고 진단되어 약의 처방과 행동수정법의 지도를 받으며 개선했다. 6개월 전에 홋카이도로 이사 와서 증상이 재발했으며, 현재 사람이 집을 비울 경우에는 개를 케이지에 넣고 있지만, 케이지를 열고자하는 행동 때문에 발톱이 깨져 피투성이가 되거나 케이지 안이 침투성이가 되기도 한다. 가급적 집을 지키지 않게 하고 있다. 지난번에 약을 먹고 상태가 좋지 않아서 약 없이 치료하고 싶어 한다. 단골 동물병원에서 본원을 소개받아, 상담을 위해 부부와 개가 내원했다.

내원시의 행동 관찰

목줄을 풀고 자유롭게 두었는데 주인의 무릎에서 한 발짝도 움직이지 않는다. 주인이 방 밖으로 나가면, 두 발로 문을 필사적으로 할퀴며 헥헥 대거나 침을 흘린다.

진단

분리불안으로 진단했다.

지도 내용(제1~4주)

주인은 분리불안이 개선될 때까지, 일이 있을 때는 어머니 집에 맡길 수 있으므로 개가 집지키기를 하지 않게 할 수 있으며 행동 수정을 위해 충분히 시간을 쓸 수 있는 환경이었다. 우선 외출신호의 탈감작을 위해 화장을 하고 외출복으로 갈아입고 외투를 입고 가방을 들고, 열쇠를 든 다섯 가지 항목에 대해 탈감작을 권고했다. 이 훈련은 하나의 신호를 반복, 반응이 없어지면 종료, 이튿날 다시 같은 신호의 연습을 한다. 처음부터 전혀 반응을 보이지 않으면 다음 신호로 옮기고, 모든 신호가 종료되면, 복수의 신호를 조합하여 연습을 한다. 최종적으로 일련의 외출 준비를 해도 개가 반응을 보이지 않게 되는 것이 목표이다. 외출에 대한 순화행동은 우선 일상의 모습으로, 몇 초의 외출부터 순서대로 길들인다.

(1) "다녀올게"라고 하고 문을 열고 나가 밖에서 2초 후에 돌아온다.

(2) “다녀올게”라고 하고 문을 열고 나가 문을 잠그고 밖에서 2초 후에 돌아온다.
(3) “다녀올게”라고 하고 문을 열고 나가 문을 잠그고 밖에서 10초 후에 돌아온다.
(4) “다녀올게”라고 하고 문을 열고 나가 문을 잠그고 밖에서 30초 후에 돌아온다.

이러한 연습을 랜덤하게 반복해, 최종적으로는 30분까지 늘리는 것을 목표로 한다. 또 케이지 대한 인상을 바꾸기 위해 집에 있을 때 케이지 안에 들어가는 시간을 연장한다. 개가 아주 좋아하는 사과, 껌 및 식이는 꼭 케이지에서 주고 물도 케이지 내에 상비한다. 케이지 안에서 짧은 시간부터 2시간 정도까지 지낼 수 있도록 연습한다. 집에서 개가 주인의 뒤를 졸졸 따라다니게 하지 않는다. 사람의 움직임에 의해 개와 스킨십이 이루어지도록 한다(개의 요구는 무시한다). 또 복종 훈련인 ‘엎드려서 기다려’의 강화를 지도했다.

경과(제1~4주)

4주째에 신호의 탈감작은 종료되고 개는 주인이 외출 준비를 해도 반응을 보이지 않게 되었다. 그대로 30분의 외출도 가능해 졌다.

지도 내용(제5~8주)

집 지키는 시간을 30분, 60분, 45분, 70분, 20분, 90분과 같이 랜덤하게 늘려, 연습하게 권고했다. 또 집에서 대하는 방법, 복종 훈련, 케이지 훈련의 지속도 권고했다.

경과(제5~8주)

8주차에는 5시간의 집지키기도 문제없었다. 주인은 현상에 만족하고 경과추적 종료했다. 이 문제행동은 주인의 스케줄의 변경이나 이사 등으로 재발할 가능성이 있으며, 그때는 바로 이와 같은 행동수정법에 임하면 좋을 것이라고 전했다.

MEMO

제10장

상동장애

(常同障害, Stereotypic Movement Disorder)

이 장에서는 신경증의 일종이라고 할 수 있는 상동장애에 대해 배운다. 상동장애는 주인과 동물 모두에게 비참한 상황을 만들 수 있다. 행동치료 중 유일하게 약물 투여가 필수이므로 수의사의 도움이 반드시 필요하다.

10

상동장애

머리말

부적절하거나 제한이 있는 환경에서 사육되는 동물에서 자주 관찰되는, 목적 없이 반복적으로 나타나는 행동을 상동행동이라 한다. 노후된 동물원의 대형고양이과 동물이나, 곰 등이 우리 앞을 반복해서 왔다 갔다 하는 행동이 이것이다. 일반적으로 상동행동은 스트레스 환경과 갈등 시에 생긴 전위행동에 대해 어떤 강화가 작동함으로써, 그 행동의 정착이 일어나고, 그 행동이 동물에게 하나의 레퍼토리가 된 것으로 해석된다.

이 상동행동이 스트레스나 갈등시가 아닌 여러 상황에서, 고빈도, 장시간, 지속적으로 반복되고, 행동제어가 곤란해져, 동물이나 주인의 생활에 지장을 초래하거나 자학행위가 발생할 때 상동장애로 진단받는다. 동물의 이러한 행동에 대해 지금까지 강박성장애, 강박장애라는 진단명이 동시에 이용되어 왔지만 동물이 강박 관념을 갖고 행동하고 있는지의 여부를 밝히는 것은 불가능하고, 사람의 질병과 차이를 두기 위해 이 책에서는 "상동장애"로 통일한다.

다만, 상동장애는 사람의 강박장애와 아주 흡사하며 약물요법에 대해서도 완전히 일치하고 있어 신경전달물질에 의한 기능저하 및 이상으로 알려져 있다.

진단

상동장애는 앞서 말한 대로, 문제행동의 제어가 힘들고, 생활에 지장을 초래하는 빈도 또는 정도의 상동행동이며, 특히 감별 진단이 중요한 문제행동이라 할 수 있다.

가장 먼저, 주인의 주의를 끄는 것을 목적으로 한 행동(Attention seeking)과 감별을 해야 한다. 상동장애는 주인의 존재 및 부재에 관계없이 상동행동을 보이지만, Attention seeking은 주인의 부재 시에는 발현하지 않거나 극단적으로 빈도나 정도가 떨어진다. 이것은 주인이 없는 환경에 동물을 둔 채 행동을 관찰하는 것이 도움이 된다.

그 다음, 상동장애로 판정하기 위해서는 행동을 일으키는 자극과의 관계가 명확하지 않다는 조건을 충족시킬 필요가 있다. 만약 특정 자극에 대해 상동행동을 일으킨다면, 예를 들어 '갈등으로 인한 전위행동으로서의 상동행동'으로 설명하는 것이 옳다.

또 상동장애는 질환과의 감별 진단도 중요하다. 피부 병변을 동반한 상동장애에는 알레르기, 피부 감염증(세균, 진균, 기생충)이, 운동성 상동장애에는 간질, 뇌종양, 내이염, 간성 뇌증(肝性腦症), 수두증(水頭症), 갑상선 질환, 이자 질환, 감염증(FIV, FeLV, 라임 병)등과의 감별이 필요하다.

상동장애는 **운동성인 것**(꼬리 쫓기, 그림자 쫓기), **입을 사용하는 것**(다리 말단을 핥는 행동으로 생긴 피부염, 옆구리 털을 물어뜯는 행동, 에어리킹(Air licking), 이식증, 심인성 지성 탈모증(강박적으로 핥은 행동으로 인한 탈모증), Wool sucking(고양이의 이식증, 섬유 섭식)), **공격행동**(꼬리 물기, 밥그릇 공격), **발성**(단조롭게 짖는 행동, 지속적인 울부짖음), **환각행동**(허공 물기, 응시)으로 분류된다. 암컷보다 수컷에서 발병이 많다. 신경전달물질의 과부족과 상동장애의 관계는 명확히 밝혀져 있다(BOX 7-7 참조). 또, 개와 고양이 모두 유전형질을 포함한 불안경향은 상동장애에 관여하는 것으로 지적되고 있다.

아래 서술한 것들은 개와 고양이에서 볼 수 있는 높은 빈도의 상동장애에 대해 구체적인 증례로서 제시하였다. 이들에서 드러나듯이 개나 고양이의 특정 품종에서 특징적으로 상동장애가 관찰되므로 행동 유전 가능성으로 판단된다. 예를 들어 꼬리 쫓기를 하는 불테리어에 대해서는 자세한 혈통적 내력이 조사되고 있다.

지단지성 피부염

발가락 끝을 반복해서 핥는 것에 의한 국소의 외상(그림 10.1). 탈모, 궤양, 뼈의 노출 등 정도는 다양하다. 감염을 동반하는 경우가 많다. 보통은 앞발바닥뼈 보다 끝 쪽의 앞발을 핥는다. 소형견에서는 발톱 및 발볼록살을 핥거나 깨무는 빈도가 높다. 자학에 의한 상처

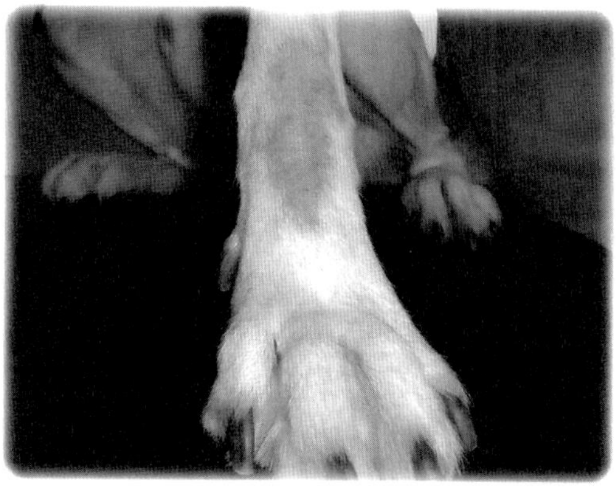

그림 10.1 발가락끝 지성피부염 (래브라도 리트리버, 5세, 수컷)

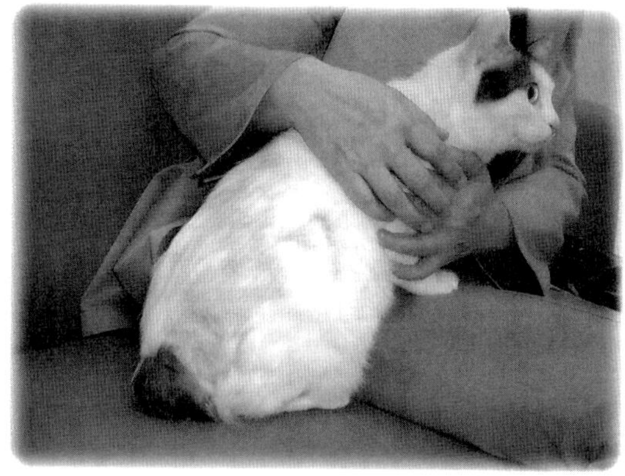

그림 10.2 심인성 지성 탈모증 (잡종묘, 6세, 수컷)

때문에 상담 건수가 많다. 호발 견종은 도베르만 핀셔, 래브라도 리트리버, 그레이트 댄, 저먼 셰퍼드가 있다.

꼬리 쫓기, 꼬리 물기

개에서 보이는 상동행동이며 자신의 꼬리를 뒤쫓아 도는 행동을 자주 반복한다. 때때로 자학을 하기도 한다(스스로 물거나 부딪힌다). 출혈이 있어도 도는 것을 계속하기 때문에 주위가 피투성이가 되는 것과 자학 때문에 상담이 많다. 호발 견종은 불테리어, 저먼 셰퍼드, 잭 러셀 테리어 이다.

심인성 지성 탈모증

고양이에서 보이는 상동행동이다. 혀가 닿는 범위의 피모를 핥아 탈모시킨다. 서혜부, 허벅지, 하복부에서 시작하는 경우가 많다. 오리엔트 종에 많다. 핥으며 긁을 때에는 자학한 상처를 볼 수도 있다. 탈모 범위가 넓어졌을 때 상담이 많다(그림 10.2).

섬유 섭식(Wool sucking), 갉기

섬유 제품을 핥거나 갉거나 먹기도 한다. 특히 고양이는 양털 제품을 선호한다. 소형견, 고양이(오리엔트 종에 많다)가 고급 소재의 스웨터나 융단을 먹었을 때 상담에 오는 것 같다.

그 외에도 필자들이 경험한 상동장애는 토이푸들의 눈(雪) 먹기(산책 때 밖에 나가면 눈을 계속 먹느라 앞으로 나갈 수가 없다), 에어데일 테리어의 에어리킹(Air licking), 도베르만 핀셔의 옆구리 털을 물어뜯는 행동 등이 있다. 상동장애는 가짓수가 다소 한정되어 있는 질환이다.

치료법

행동수정법

상동장애의 문제를 가진 개에 대해서도 다섯 가지 자유(5 프리덤)(표 12.2 참조)에 근거한 사육 환경의 재검토, 특히 '불쾌한 환경으로부터의 해방'으로서 동물이 천천히 편안하게 생활할 수 있는 환경이 주어지고 있는지, '정상적인 행동을 나타낼 자유'로서 개체에 있던 운동량, 자극에 대한 폭로, 애착행동 등이 주어져 있는지 확인할 필요가 있다. 부족한 점이 있으면 지도해서 개선하도록 한다. 풍족한 환경이 동물원 동물의 상동행동 감소에 도움이 되고 있는 것이 힌트가 될 수도 있다.

중요한 것은 상동행동을 강화하지 않는 것이다. 즉, 동물의 상동행동에 대해 말을 걸거나 달랬다거나 음식을 주는 등 관심을 갖지 않는 것이 중요하다. 반대로 상동행동에 대해 처벌을 주는 것도 중단해야 한다. 상동행동은 욕구 불만, 갈등, 스트레스 등에 의해 유발되므로, 처벌은 그 상황을 악화시킨다. 스트레스 감소 목적으로 운동량의 증가, 수컷의 중성화 수술도 권고된다. 행동 유발 자극을 알면 탈감작과 길항조건화가 가능하지만, 대부분의 경우 진찰 시점에는 자극이 여러 가지가 있기 때문에 특정 지을 수 없다. 상동행동이 있는 동물에게, 다른 행동을 취하도록 명령해도 따르지 않는 장애이므로 대체행동 분화강화는 불가능하다. 섬유의 섭식이라면 주변의 섬유 제품을 제거하는 것이 도움이 된다.

약물요법

상동장애의 치료에는 약물요법이 필수적이다. 몇 개월 단위의 지속 투약이 필요하고, 평생 투여하는 경우도 있다. 선택적 세로토닌 재흡수 억제약물에 의한 치료 효과가 꽤 좋다. 사전 설명은 다른 문제행동 때와 같다. 약물에 대해서는 BOX 7-8의 표를 참조해 주었으면 한다.

기타 요법

상동장애와 불안에 관련에서 다음의 요법이 선택된다.

페로몬요법

동물의 불안 수준을 낮추기 위해 사용이 권장된다.

식이 요법과 보조제

세로토닌의 상승을 목적으로 한 저단백 식이의 급여나 트립토판의 첨가, L-테아닌, α-s1트립틱 카제인 등의 보조제의 병용도 동물에 따라서는 효과적이다.

[증례 8] 잡종(테리어 믹스), 1살, 수컷

어머니(59세)와 딸(36세) 2인 가족이며, 동거동물은 없다. 2개월령 때, 보건소에서 받아왔다. 6개월령 정도부터 자신의 꼬리를 쫓는 행동이 시작되었다. 처음에는 재미있으니까 웃어 넘겼는데, 점점 심해져 울부짖으며 돌기 시작했기 때문에 그만두게 꾸짖었다. 그러나 전혀 교정반응이 없고 회전을 계속했고 결국 꼬리를 물어 많은 출혈을 일으켰다. 동물병원에서 소독하고 엘리자베스 칼라를 씌웠고, 상처가 아물고 나서 칼라를 제거했더니 다시 꼬리를 쫓는 행동을 출혈할 때까지도 멈추지 않았기 때문에 방은 피투성이가 되어버렸다. 그래서 병원에서 꼬리를 짧게 절단했지만 그 후에도 꼬리를 쫓고 있고, 매일 평균 5~10분의 문제행동을 5~6번 해서, 단골 동물병원에서 본원을 소개받아 상담에는 어머니와 개가 내원했다.

내원 시의 행동 관찰

목줄을 제거하고 자유를 준 순간 울부짖으며 꼬리를 계속 쫓는다. 20분 정도 돌고 지치면 물을 마시고, 손으로 건네준 먹이를 먹었지만 5분 후 다시 돌기 시작한다.

진단

상동장애(꼬리 쫓기)로 진단했다.

지도 내용(제1~4주)

운동량의 증가를 제안해 하루 2회 20분씩 자전거 운동 또는 자유 운동(공 잡이)을 지도했다. 또, 식사 횟수를 1회에서 3회로 변경하고, 중성화 수술(자극을 줄이는 목적)을 하도록 했다. 상동행동이 생겼을 때는 무시하고 방을 나가는 것(반응이 강화로써 작동해 행동이 심해지는 것을 막는다)을 지도했다. 또 하루 2회 10분간의 복종 훈련(알기 쉽고 즐거운 훈련을 지도)을 하게 하고, 염산 클로미프라민 3 mg/kg을 하루 2회 투여하기로 했다.

경과(제1~4주)

중성화 수술은 다음날 했다. 10일 후에 발사할 때까지 엘리자베스 칼라를 씌웠다. 엘리자베스 칼라를 벗긴 후 조금 횟수가 늘었지만 점차 줄어 4주째에는 상동행동이 하루에 1-2번, 시간도 1-3분이 되었다.

지도 내용(제5~8주)

행동수정법은 계속하게 하고, 돌려 한다고 느껴지면 그 생각을 없애기 위해 공 던지기를 하도록 지도했다. 염산 클로미프라민 2 mg/kg을 하루 2회 투여하기로 했다.

경과(제5~8주)

상동행동이 하루에 한 번도 없을 때도 있었다. 돌려고 할 때 공을 던지면 공을 쫓아갔다. 3번 던져주고, 그 후에는 산책을 나갔지만, 그 다음은 돌지 않았다.

지도 내용(제9~12주)

행동수정법은 계속하도록 권고했고, 염산 클로미프라민 1 mg/kg 1일 2회를 2주간, 0.5 mg/kg 1일 2회를 1주 투여했다.

경과(제9~12주)

염산 클로미프라민을 0.5 mg/kg 1일 2회로 감량했지만 1주일이 지난 시점(11주째)에서 꼬리를 쫓는 행동이 1일 3회 정도로 늘었다고 전화 연락이 있어, 원량(1 mg/kg)으로 돌렸는데, 상동행동이 3번/주로 돌아왔다. 1 mg/kg 1일 2회를 기본량으로 계속 투여하고 다시 진정되면 약물 용량을 줄이는 시도를 하는 것으로 주인과 이야기가 되어, 로컬 동물병원 주치의에게 향후의 투약을 의뢰하고 경과추적 종료했다.

[증례 9] 잡종 고양이(샴 믹스), 2세, 수컷(중성화 됨)

아버지(41세), 어머니(40세), 딸(15세), 딸(15세)의 4식구이고, 동거동물은 없다. 1개월 정도 때 버려져 있는 고양이를 보호하고 키우기 시작했다. 1년령의 봄부터 계속 핥게 되어 현재는 하복부, 뒷다리 부분이 완전 탈모했다. 동물병원에서 받은 칼라를 착용하고 있으면 핥을 수 없어서 털이 자라나지만, 빼면 1주일 정도 만에 원래의 맨살로 돌아가게 된다. 새벽에 가장 심하게 핥으며, 사계절 중 봄에 특히 심하게 핥는다. 단골 동물병원에서 소개되어 상담에 어머니와 고양이가 내원했다.

내원 시의 행동 관찰

케이지의 문을 열어도 나오질 않는다. 30분 경과한 시점에서 강제적으로 꺼내자, 구석으로 달려가 그루밍행동을 시작했다. 성격은 매우 내성적인 것 같았다.

진단

상동장애(지성 탈모증)라고 진단했다.

지도 내용(제1~4주)

엘리자베스 칼라를 풀고, 핥아도 무시하고 아무런 반응도 하지 않음으로써 행동 강화를 하지 않도록 지도했다. 식이의 변경을 권고하고 섬유를 많이 포함한 식이를 자율식이로 공급하기, 고양이 풀 화분 2개를 가꾸는 것을 제안했다. 포식행동 놀이를 위해 고양이용 비디오(사냥 편)구입과 고칼로리 식품(간식)을 이리저리 던져 주도록 했다. 창문에 돌출된 침대를 놓는 것을 제안하고, 염산 클로미프라민 1 mg/kg을 하루 1회 투여하도록 했다.

경과(제1~4주)

4주차에는 핥는 시간이 확실하게 감소하고 털이 살짝 전체에 나 있었다.

지도 내용(제5~8주)

행동수정법은 계속하도록 권고하고 염산 클로미프라민 0.5 mg/kg을 하루 1회 투여로 감약했다.

경과(제5~8주)

8주차는 털이 자라났다. 그 후 약물 용량을 줄이고, 최종적으로 염산 클로미프라민 0.25 mg/kg을 1일 1회 계속 투여하며 4년이 경과하고 있다(6개월마다 혈액 검사를 실시하고 있다).

제11장

그 밖의 문제행동

이 장에서는 배설문제나 이식증 등 지금까지 다뤄 오지 않았던 문제행동 중 자주 볼 수 있는 것에 대해 설명한다.

11

그 밖의 문제행동

머리말

이 장에서는 공격, 공포, 상동장애 이외의 문제행동 중에 상담이 많은 행동에 대해 설명한다.

배설에 관한 문제행동

개나 고양이 배설행동에 대해서는 제5장에서 설명했다. 배뇨문제와 감별 진단이 필요한 것은 이소성 요관, 방광염, 당뇨병, 만성신염, 요붕증, 신경학적 요실금, 당뇨병, 갑상선 기능항진증, 고양이 하부 요로 감염증, 간질성 특발성 방광염, 항문낭염, 관절염, 척추, 척수 질환 등이 있으며, 배변문제에서는 소화관 기생충, 이자염, 소화 불량, 식이과민 등이다.

개의 배설문제

개의 배설에 관한 문제는 4가지로 분류된다. 즉 사육 개시 시의 화장실 훈련 실패, 성 성숙에 따른 영역표시의 문제, 중·노령견의 요실금 문제, 분리불안 등 공포, 불안시의 전위 행동이 그것이다.

(1) **사육 개시 시의 화장실 훈련 실패:** 적절한 지도로 다시 훈련이 필요하다. BOX 11-1과 부록을 참조해 주인이 이용할 수 있도록 한다.

(2) 성 성숙에 따른 영역표시의 문제 : 성 성숙 이후의 중성화하지 않은 수캐와 발정전기부터 발정기의 암캐에서 보인다. 수컷 소형견에서 특히 많다. 빠를 경우 개는 5개월령부터 소파, 테이블, 기둥 등에 대한 영역표시가 시작되며 소량의 오줌을 눈에 띄는 장소에 배설한다. 이것은 정상적인 성행동 이므로, 꾸짖어 못하게 하는 것은 동물복지에 어긋난다. 예방하고 싶어하는 주인에게 성 성숙 전의 중성화 수술을 권장한다. 중성화 수술에 대해서는 부록을 참조해 주었으면 한다. 영역표시는 나이가 많더라도 수술에 의한 개선을 기대할 수 있다. 수술 후에 철저하게 청소한 환경에서 맞이하는 것이 중요하다. 수술이 적절하지 않다면(수컷의 종류, 질병에 제한 경우, 가족의 방침 등)수캐에게는 매너 밴드를, 암캐에게는 매너팬티를 장착해 피해를 없애는 것을 권한다.

BOX 11-1 개 화장실 훈련의 포인트

개를 키우기 시작했을 때 가장 처음 가르치는 것이 화장실 훈련이다. 강아지는 최초의 환경에 아직 익숙하지 않을 뿐 더러, 주인에 대한 애착 관계도 맺지 않은 시기이다. 그러므로 화장실 훈련을 통해 강아지에게 '아아, 주인이라는 사람은 멋지군!' 이라고 생각하도록 충분한 배려를 가지고 가르치는 것이 중요하다. 자신의 감정 통제를 확실히 하고, 과학적 근거에 입각해 교육하는 방법에 대해 지도해 나가고 싶다.

올바른 행동(여기에서는 올바른 장소에서의 배설)을 반드시 칭찬하고, 잘못된 행동은 무시해 다시금 그러한 행동이 생기지 않도록 수단을 강구하는 것이 기본이며, 구체적인 방법은 부록을 참조해 주길 바란다. 여기서는 주인에게 전달할 포인트를 정리했다.

보통 개(비위생적인 사육을 하고 있어 이미 똥오줌으로 범벅이 되는 것에 익숙해진 개를 제외한다. 이런 개는 다른 문제행동을 가지고 있을 가능성이 높으므로 처음부터 전문가에게 의뢰하는 것이 바람직하다)는 자신의 발이 똥오줌으로 더러워지는 것을 좋아하지 않기 때문에, 흡수가 좋은 깨끗한 장소를 선호한다. 시트는 배설할 때마다 바꿔주면 빨리 기억할 수 있다. 발의 촉각으로 화장실 위치를 기억하니, 훈련이 종료될 때까지 화장실이라고 오인 받을 수 있는 화장실 시트와 비슷한 것(매트, 이불, 융단 등)을 치워버리면 실패를 줄일 수 있고, 즉 성공 횟수를 늘려서 훈련 과정이 빨리 진행되는 좋은 보조수단이 된다.

주인은 화장실을 하나로 한정하기 쉽지만, 처음에는 화장실을 많이 설치해 주는 것이 좋다. 강아지는 배뇨 의욕을 느끼고 나서 화장실까지 참지 못할 수도 있고, 주인이 유도 한다고 해도 동물은 가까운 곳에 있는 곳이 훨씬 편하다. 어느 정도 화장실을 외운 뒤에도 특히 동거동물이 있어 화장실에 가는 것을 방해 받는 경우도 많다(신참은 그곳을 지나는 것이 어려운 일이기 때문이다). 물론, 설치 장소는 분산시킨다.

장난으로 시트를 엉망으로 만들어 버리는 것은 흔한 일이다. 강아지용 시트에는 시판용 그물을 씌우는 것을 추천한다.

(3) 중·노령견의 요실금 문제: 호르몬성, 신경성, 인지장애, 생리적인 근육이나 신경쇠약이 고려된다. 배설을 정기적으로 재촉한다(7세령 이상은 하루 5회 이상 소변을 재촉한다). 문턱을 없애고 화장실의 수를 늘려 화장실을 이용하기 쉽게 하는 등의 환경을 만들어 준다. 투약 약물에는 호르몬제 다이에틸스틸베스트롤(Diethylstilbestrol), 삼환계 항우울제(항콜린 작용) 아미트리프틸린(Amitriptylin), α작동제 페닐프로파놀라민(Phenylpropanolamine), 인지장애 개선제 니세르골린(Nicergoline), 셀레길린(Selegiline), 프로펜도필린(Propentofylline), 선택적 노르에피네프린 재흡수 억제물인 밀나시프란(Milnacipran) 등이 있다.

(4) 공포, 불안시의 전위행동: 이에 대한 대처는 제 9장을 참조해 주었으면 한다.

고양이의 배설문제

고양이의 배설에 관한 문제는 불안, 영역 의식 또는 발정주기에 따른 영역표시가 대부분이다. 고양이는 만성 스트레스 시에 영역표시 행동이 생기는 것으로 잘 알려져 있다. 대부분은 수직면에 대해 스프레이 행동을 하지만, 드물게 수평면의 영역표시도 관찰된다. 특정 사람의 옷에 대한 영역표시는 그 사람에 대한 고양이의 갈등을 나타내고 있다고 한다. 중성화 수술을 하지 않았다면 불임 수술을 권고한다. 수컷에서 90%, 암컷에서 95%의 영역표시가 해소되었다고 보고되고 있다. 대부분의 경우 영역표시에는 어떠한 '불안'이 연루됐다는 사실에서, 다섯 가지 자유(5 프리덤)에 따라 사육 환경 및 방법을 재검토해야 한다. 원인은 동거동물과의 불화, 주인과의 불화, 식이에 대한 불만, 낯선 동물이 영역 주위를 배회하는 것 등이다. 집단 사육 시에는 영역표시문제가 발생하기 쉬워, 10마리 이상의 집단이라면 100 % 영역표시 문제가 생긴다고 한다. 불안자극을 파악할 수 있으며, 배제 또는 탈감작 및 길항조건 형성이 된다면, 가장 쉽게 해결할 수 있다. 항불안을 목적으로 약물요법(클로미프라민(Clomipramine), 아미트리프틸린(Amitriptylin), 벤조디아제핀(Benzodiazepine), 부스피론(Buspirone), 플록세틴(Fluoxetine), 플루복사민(Fluvoxamine) 등)과 페로몬요법(펠리웨이(Feliway))이 이용되고 있다.

고양이는 영역표시 이외의 배설 문제는 거의 없지만, 이불이나 침대에 생리적 배뇨를 하는 고양이가 드물게 존재한다. 이 경우, 화장실에 대한 불만(고양이의 화장실에 대해서는 BOX 5-3 참조)의 해소가 필요하며, 현재 화장실로 사용하고 있는 장소의 접근을 제한하고 비닐시트를 덮어 그 장소를 식이 장소로 변경하는 등 환경 조작을 동시에 실시하면 좋다.

BOX 11-2 실수를 저지른 고양이는 누구인가?

고양이를 집단사육하고 있을 경우, **'범묘(犯猫)'** 고양이를 찾아야 치료에 들어갈 수 있다. 범묘는 한 마리일 수도 있고, 여러 마리일 수도 있다. 이 경우, 오줌이 문제라면 안과의 각막 염색에 사용되는 플루오레세인의 염색부분을 캡슐에 넣고 1마리씩 차례로 먹인다. 부적절한 장소의 오줌에 색소가 들어 있을 때에 그 색의 캡슐을 마셨던 개체가 실수를 저지른 고양이이다. 변의 경우에는 개체별로 다른 색깔의 크레파스 가루를 먹이에 섞어 먹이고 문제의 변에 어떤 색 크레파스가 섞여 있는지를 보고 찾아낸다.

영역표시를 포함한 부적절한 장소에서의 배설에는 약간의 자기 소변 냄새가 남아 있어도 추가해서 배뇨하는 고양이의 생태를 생각해 철저한 청소가 필요하고, 냄새를 분해하기 위한 전용 세제가 반드시 필요하다. 암모니아나 식초는 청소에 사용해서는 안 된다.

'짖음'에 관한 문제행동

사람은 '개의 짖음'을 가축화의 역사에서 인간의 생활을 지키는 역할을 담당하는 행동으로써 선택·정착·강화해 왔다. 그러나 현대에서는 짖는 개를 요구하는 지역이나 주인은 드물고, 짖지 않는 개가 요구되고 있다. 하지만 '짖지않음'에 유의하고 품종 개량에 임해 왔던 브리더는 일본에서는 특히 적어서, 아직 사람이 만들어 낸 '짖는 행동 특성'을 유지하는 개가 많다. 강화해 온 견종에는 셔틀랜드 쉽독, 저먼 셰퍼드 등의 목양종, 치와와, 포메라니안, 토이 푸들 등의 애완종, 비글, 닥스훈드 등의 하운드종이 있다. 불안 경향, 반응성이나 영역의식이 높은 등의 개체의 성질, 집단 사육, 운동 부족, 사회화 부족, 짖음의 강화 등의 사육환경이 '짖음'을 조장한다. 또 '짖음'자체가 개에게 강화로서 작동하는 것이 알려져 있으며, 계속 짖게 함으로써 확실히 강화된다.

'의미 없는 짖음'이라고 말하지만 많은 경우 개는 이유가 있어서 짖고 있다. 예를 들어, 영역 의식(경계), 응답 요구, 주목 환기, 공포, 불안, 흥미, 지루하거나 상동장애(제10장 참조), 인지장애(BOX 2-2 참조) 등이 이유이다. 일반적으로 사람이 허용하는 음량을 40 dB 이하정도라고 한다면, 이에 비해 개가 2 m 앞에서 짖고 있으면 100 dB 이상, 10 m 앞이라면 80 dB, 완전히 창문을 닫은 후 들리는 개의 소리도 55 dB의 음량이라고 한다. 개의 '짖음'은 주인에게도 문제일 뿐더러, 이웃으로부터 불만을 듣기에 쉬운 문제행동이라고 할 수 있다.

짖는 문제를 가진 개에 대해서도 다른 문제행동 같이 5 자유(표 12.2 참조)에 근거한 사육 환경의 재검토, 특히 '정상적인 행동을 나타낼 자유'로, 개체에 있던 운동량, 자극에 대한 폭로, 애착행동 등이 주어져 있는지 확인할 필요가 있다. 부족한 점이 있으면 지도한다. 또 앞서 말한 대로, 짖는 행동이 강화되어 온 개에게 절대 못 짖도록 요구하는 것 자체가 '정상적인 행동을 나타낼 자유'를 침범하게 되므로, 주인과 타협을 정하고 행동치료에 임할 필요가 있다(짖어도 좋은 장소, 시기, 지속시간 등). 행동수정법이 권고되지만, 불안 경향이나 공포 의식이 낮고 공격행동이 아니라면 시트르넬라 칼라, 초음파 칼라 등의 병용이 권고되어, 사용법에 따라 빠른 개선이 기대된다. 성대 절제술도 선택 사항이지만, 동물애호의 관점에서 진행되지 않는다. 안락사 이외의 선택 사항이 없을 때의 최종 수단이라고 생각하고 싶다.

BOX 11-3 고양이의 시끄러운 울음소리의 문제

가장 먼저 갑상선 기능 항진증과 감별 진단 해야 한다. 고양이의 울음소리의 문제는 대개 발정기의 소리다. 특히 처음 암고양이를 키우는 사람은 춘기발동 시기에 갑자기 시작한 소리에 당황하고, 발정의 탓이라고 깨닫지 못하는 경우가 많다. 실내 사육의 경우, 발정주기가 반복되기 때문에 "우리 고양이는 아주 잘 울고 곤란하다"라고 호소한다. 샴은 요구울음이 많은 고양이 종으로 알려져 있다. 또, 사육 환경의 급변 등 스트레스 시에도 큰 소리로 울부짖을 때가 있다.

주인의 요구 사항 중 많은 것은 현관 벨에 대한 짖기와, 산책 중인 다른 개 또는 사람에게 짖는 것, 새벽에 요구행동의 짖음이다. 이러한 대처법에 대해 설명한다.

현관벨에 짖는 것에 대한 대처

벨소리에 대한 탈감작과 길항조건화, 으르렁대는 것을 멈추는 것, 즉, 비양립행동(예를 들어 조용히)의 분화강화, 대체행동(예를 들어 현관 벨 자극에 대한 반응으로 안방에 엎드려 기다린다)의 분화강화 중 하나, 또는 이 둘을 조합한 것을 행동수정법으로 선택한다. 이러한 과정에서 개의 통제에 보조가 필요하다면 헤드 칼라와 목줄의 착용이 권고될 수도 있다. 탈감작에는 무선 현관 차임벨이 도움이 된다. 대체행동 분화강화에 Treat&Train을 이용하면 즐거운 훈련이 될 수 있다. 또 BOX 7-3도 참조하길 바란다.

산책 중에 짖는 개의 대처

양립행동 '다른 개나 사람을 무시하고 걸음'을 강화한다. 많은 예에서 훈련에 들어가려면 자극 강도가 너무 높아서, 계통적 탈감작과 길항조건화의 병용이 필요하다. 자극의 통제로서, 사람이나 다른 개가 없는 시간대를 골라 산책함으로써 문제를 회피하는 것도 좋은 방법이다. 다른 개를 만나도 마음껏 반길 수 없는 개는 불행하다고 생각하는 주인이 많지만, 전혀 잘못된 해석이다. 훈련에 통제의 보조가 필요하면 헤드 칼라, 잡아당김 방지 목줄이 도움이 된다.

요구행동의 짖음

주인의 행동을 분석해서 강화를 특정 지을 수 있다면, 강화 배제에 의한 소거 절차에 들어간다(주인에는 소거격발과 부분강화소거 효과를 충분히 설명한다). 동시에 '짖음' 이외의 행동을 개가 하고 있을 때 정적강화(예를 들면 산책)를 준다(타행동 분화강화).

이식(異食)에 관한 문제행동

이식 중 가장 많은 대상은 식분(食糞)이다. 그 외, 돌, 플라스틱, 눈(雪), 섬유 제품 등이 있다. 빈도가 비정상적으로 높고 지속시간이 길고, 목적 없는 행동 등으로 보일 때에는 제10장을 참조하길 바란다(식분은 제외). 대처법은 같고, 자극배제(동물이 이식대상에 접근하지 않게 함)와 강화배제이다. 여기에서는 식분에 대해 설명한다.

처음에 다섯 가지 자유(5 프리덤)(표 12.2 참조)에 근거한 사육 환경의 재검토, 특히 '굶주림, 갈증의 자유'와 개체에 맞는 식사 내용, 식사량이 주어지고 있는지, '정상적인 행동을 나타낼 자유'로서 충분한 운동 시간이나 애착시간이 주어져 있는지, '불쾌한 환경으로부터의 자유'로서 변에 접근할 수 있는 비위생적인 환경 하에서 사육되지 않았는지 확인할 필요가 있다. 부족한 점이 있다면 지도한다. 감별 진단에는 이자기능 장애, 소화관 기생충, 장내세균총 이상 등이 있다. 자신의 변을 '식분' 할 때 구토, 설사의 원인이 되지만 이는 꼭 건강을 해치는 행동은 아니다. 육식동물이나 초식동물의 식분은 정상행동이다.

발육기의 강아지가 자신의 변을 먹는 것은 호기심과 탐구심의 정상적인 행동이다. 소화기능이 발달되지 않았기 때문에 아직 소화되지 않는 성분이 많으므로, 대변의 맛과 식분할 때 가족의 반응 두 가지가 강화로 작동함으로써 지속, 유지되는 경우가 많다. 성견 이후의 식분은 먹을 것에 관심이 강한 개체(품종에서는 래브라도 리트리버, 비글 등)나 스트레스 및 지루함 등 사육 환경에 문제가 있는 개체에 많다.

대처법

주인에 의한 배변 통제와 화장실 훈련에 의한 비양립행동(변을 누면 주인에게 알리는 등) 을 강화한다. 식이 시간, 산책 시간, 운동 시간 등을 일정하게 유지함으로써 배변 시간을 예측하게 된다. 화장실로 유도하고, 배변 후, 특별히 좋아하는 음식을 약간 떨어진 곳으로 던짐으로써 변에서 벗어나게 해 변을 바로 정리하는 것을 반복한다. 반응이 빠른 개는 입마개를 이용하는 것이 편리하다(배변 후 다른 곳으로 유도해 입마개를 벗기고 포상을 준다).

강화 배제로써 변을 들어 올리는 것, 식분하려 할 때 사람이 전혀 반응하지 않는 것을 권고하고, 주인에게 부분 강화 소거 효과를 충분히 설명해 철저하게 지키도록 한다.

변의 맛을 나쁘게 할 보조제인 트립토신, 파파야 효소 등을 식이에 첨가하거나 일부러 자극물을 뿌린 변을 방치함으로써 변이 그 동물에게 나쁜 것으로 인식된다면 자발적 행동의 벌칙으로서 작동하여, 식분을 개선할 수도 있다(개체에 따라서 예외는 있다). 어느 쪽이든 간접 처벌을 이용한 것이어서 주인과의 관계를 해칠 염려는 없다. 이 방법을 사용할 때에도 계속적으로 첨가하지 않으면, 부분 강화 소거 효과가 작용할 수도 있다. 식이를 버스터큐브나(Buster cube) 콩(Kong) 등을 이용해서 준다(그림 11.1). 여기저기에 숨기거나, 던지는 등 즐거운 식이시간을 연출함으로써 식분이 치료되었다는 예도 있다.

그림 11.1 버스터큐브 (사진제공: 주식회사 스타폼 엔지니어링)

과다 활동성의 문제행동

개의 기타 활동성 문제에 대한 상담 중에 갑자기 달려들기, 마운팅, 산책 때 잡아당기기 등이 있다. 이들 문제는 BOX 8-2에서도 언급했듯이 개에게 어떻게 행동하면 좋을지를 가르치고 있지 않는 것이 원인이므로 적절한 대체행동을 강화함으로써 쉽게 해결할 수 있다. 달려드는 개는 사람 앞에 앉아 기다리는 것을, 마운팅하는 개는 사람이 아니라 대체물(인형 등)에 마운팅을, 잡아당기는 개는 목줄이 느슨해진 상태로 걷는 것을 가르친다. 부적절한 행동을 처벌로 제압하는 것이 아니라 올바른 행동을 정적강화로써 강화해 나간다. 제어에 어려움이 있다면 헤드 칼라, 목줄, 잡아당김 방지 하네스, 입마개 등을 이용하면 편리하다. 기본적인 훈련 방법은 부록을 참조하길 바란다. 이것은 동물의 행동 교육에 있어서 기초적 방법이 된다(대체행동, 비양립행동에 상관없이).

다른 문제로는 개가 진정되지 않고, 항상 활력이 넘치며, 너무 심할 정도로 돌아다니는 등 개의 과한 활동성을 호소하는 주인들이 많다. 대부분은 유년기의 정상적인 행동이거나 특정 품종에 있어서 정상적인 것이거나, 운동 부족, 지루함이 원인이 되어 나타나기도 한다. 신체적·정신적 자극을 충분히 줄 수 있는 사육 지도가 필요하다. 아울러, 집안에서는 조용히 진정하는 행동을 강화한다. 콩(Kong, 부록 참조), 나일라본(Nylabone, 그림 11.2), 거지(Guzzy), 트리트볼, 버스터큐브(그림 11.1) 등의 장난감은 개가 열심히 노는 데 도움이 된다. 이런 증상을 나타내는 매우 드문 질환인 '다동장애'를 BOX 11-4에 기술했다.

그림 11.2 나일라본(사진제공: 일우견타카마츠)

BOX 11-4 다동(많은 움직임)장애

사람의 유아기, 소아기에 진단되는 다동장애 증후로서 DSM-Ⅳ(Diagnostic and Statistical Manual Disorders-Ⅳ)의 행동은 종종 손발을 안절부절못하거나, 의자 위에서 안절부절못하고, 교실이나 그 외 앉아 있는 것을 요구하는 상황에서 자리를 떠나 종종 부적절한 상황에서 더 뛰거나 높은 곳에 올라가기 등이 있으며, 이에 대응하는 장애를 가진 개가 보고되고 있다.

이런 개들은 어리고 에너지가 넘치는 품종에서 볼 수 있는 과잉 활동성과 달리, 자극도 없는데 늘 진정되지 않고 집을 누비고 다니고, 헉헉거리는 행동 등이 관찰된다고 한다. 치료제인 메틸페니데이트(Methyl-phenidate, MPH; 교감 신경 흥분제)의 투여에 의해 호흡수나 심박 수 등이 정상으로 돌아오게 되므로, 진단제로도 이 약물이 사용된다. 행동치료 전문의가 일생 중 몇 번 볼까말까 한 증례라고 한다.

[증례 10] 토이 푸들, 1살, 수컷

26세 남성의 독신 거주로, 동거동물은 없다. 펫숍에서 2개월령일 때 구입했다. 8개월경쯤 방 안의 여기저기에 배뇨하게 되고, 꾸짖어도 전혀 멈추지 않는다. 현재는 다리를 올리고 배뇨한 후 바로 도망가고 있다. 1일 20회 정도 배설 하고 있어 구매한 펫숍에서 본원을 소개받아, 상담에 주인과 개가 내원했다.

병원에서의 행동 관찰

풀어 주자마자 소파, 책상, 기둥에 영역표시를 했다. 사람을 매우 잘 따르고 밝은 성격이다. 주인과의 관계도 나쁘지 않고, 반드시 명령에 따르는 것은 아니지만, '앉아', '손', '반대 손'을 할 수 있다.

진단

영역의식을 포함한 수컷 행동으로서의 영역표시로 진단했다.

지도 내용(제1~4주)

중성화 수술을 제안하고 수술 후, 방에 오줌의 냄새가 없는 깨끗한 상태에서 개를 맞이할 수 있도록 실내의 정소 방법을 지도했다. 중성화 수술 후의 상태에 따라 행동수정법을 생각하기로 했다.

경과

주말에 중성화 수술을 했다. 수술 당일은 병원에서 하루 맡아주어, 밤에 완벽히 청소를 하고 다음날 아침 데리고 갔다. 그 후 영역표시는 없었고, 밖에서의 배설행동에는 변화가 없었다. 주인은 만족하고 추적 종료했다.

[증례 11] 잡종 고양이(아메리칸 쇼트 헤어와 러시안 블루의 믹스), 3살, 수컷(중성화 됨)

가족 구성은 아버지(50세), 어머니(47세), 딸(22세)의 3인 가족이며, 동거동물은 잡종 고양이(5세, 수컷, 중성화 됨)이다. 40일령 쯤 펫숍에서 구입했다. 동거 고양이와의 사이가 매우 나쁘고, 연장자 고양이가 내원한 고양이를 위협해 이 고양이는 도망쳤다. 7개월 때 스프레이 행동이 극심해서 중성화 수술을 했다. 스프레이 행동에는 변화가 없었다. 봄부터 여름에는 특히 심하고, 아버지를 싫어해서 달아난다. 지금까지는 가급적 끈을 묶어 밖으로 내보내 실내에서의 방뇨를 제어하고 있었다. 지난 달, 전근으로 이사 오면서 단골 동물병원으로부터 본원을 소개받았다. 현재는 하루에 3~4회 정도의 방뇨가 보인다. TV받침대, 커튼, 오디오가 타깃이지만, 화장실에서 배설할 때도 있다.

내원 시 행동 관찰

케이지의 문을 열어도 나오지 않는다. 30분 경과했을 때 강제로 꺼냈다. 주인이 부르니 무릎에 올라탔다. 성격은 매우 내성적이다. 고양이의 우는 소리에 강하게 반응하며, 자신의 케이지(문은 닫혀 있다)에 방뇨했다.

진단

부적절한 분산방뇨(스프레이 행동)라고 진단했다. 동거 고양이, 밖을 배회하는 고양이에 대한 불안행동이라고 생각된다.

지도 내용(제1~4주)

화장실을 3개로 늘리는(화장실에 접속이 용이하게끔)것, 비만 고양이용 식품을 자유선택으로 줄 것, 또 동거 고양이로부터 도망 칠 장소를 확보하기 위해 고양이용 상자를 도입한 후 부재 시에는 커튼을 닫고 동거 고양이 혹은 내원한 고양이를 상자에 넣도록 권고(교대로) 했다. 20일 간, 아침저녁으로 고양이 합성 페로몬제를 지금까지 방뇨했던 장소에 청소 후 뿌리는 것을 권고했다. 또 염산 아미트리프틸린을 1 mg/kg 1일 1회 투여로 했다.

경과(제1~4주)

1주 후에는 매우 진정되어 대부분의 시간을 조용히 자고 있다. 방뇨는 1회/일로 감소하고, 동거 고양이와 전혀 싸움을 하지 않는다. 염산 아미트리프틸린을 0.5 mg/kg으로 감량. 4주 후의 일상 행동은 이전으로 돌아가고 있다. 방뇨는 4주째, 주에 1번만 보인다.

지도 내용(제5~8주)

행동수정법과 약물투여의 계속을 권고했다.

경과(제5~8주)

8주 후의 보고에서는 스프레이는 5주차에 1번 봤을 뿐이었다. 주인이 약물 지속 투여를 희망했기 때문에 단골 동물병원에 처방을 의뢰하고 경과추적 종료했다.

[증례 12] 비글, 5개월령, 수컷

가족 구성은 아버지(35세), 어머니(37세), 딸(10세)의 3명이며, 동거동물은 잡종 고양이(4세, 암컷, 중성화)이다. 42일령일 때 애완동물 가게에서 구입했지만, 늘 변을 본 순간에 먹고, 집 지킬 때나 밤에도 먹는 것 같다. 화장실 밖에서 배변 했을 때 크게 질책했던 것이 원인일지도 모른다. 지난주 심장사상충 예방약을 받으러 동물병원에 갔을 때, '변을 싫어하게 되는 약'을 처방받으며 본원을 소개받았지만 '변을 싫어하는 약'은 듣지 않는 것 같다. 가족 전원이 상담에 내원했다.

내원 시의 행동관찰

강아지다운 행동으로 주인과의 관계에도 특히 문제는 없고. 상담 중에 배변행동은 없었다.

지도 내용

배변 하기 전의 행동을 적어주고, 예측 하는 것을 설명했다. 아울러 배변하는 순간 개가 가장 좋아하는 포상(식빵)을 보여주며 부르는 것을 지도했다. '변을 싫어하게 되는 약'은 계속먹지 않으면 효과가 나오지 않기 때문에 처방된 것을 다 먹도록 지도하고 사료를 성견용으로 변경하거나 아침저녁의 산책을 정해진 시간에 하도록 지도했다.

경과

4주차 때 일주일 중 식분은 1회 뿐이었다. 계속적인 행동처방을 권고하고 경과추적 종료했다.

MEMO

제12장

문제행동의 예방

상담할 때 치료뿐만 아니라 예방에 관해서도 주인에게 올바른 지식을 제공할 수 있도록 학습한다.

12

문제행동의 예방

머리말

문제행동의 대부분은 사전에 예방가능하며, 그 대부분은 동물에 대한 주인의 지식부족이 원인으로 생각된다. 우선은 자신의 생활에 동물을 기를 여유가 있는지, 동물을 기르고 있는 경우에는, 10년 이상 그 책임을 다 할 수 있는지, 올바른 교육이나 처리가 실행가능한지 등 구입 전에 최소한 검토해야 할 과제가 존재한다. 일시적인 충동으로 동물을 구입하는 것은 동물에게도 주인에게도 불행을 초래할 가능성이 높고, 주인은 기르기 전에 그 점을 충분히 생각할 필요가 있다. 특히 다음 3가지 사항을 숙고하는 것이 중요하다.

생활 스타일에 적합한 동물의 선택방법

우선은 자신의 생활이 동물을 기를 자격이 있는지를 알아야 한다. 예를 들어 개나 고양이의 사육을 시작하면 함께 노는 시간, 먹이나 백신접종, 기타 의료비 등의 비용부담도 생긴다. 개 사육을 시작하면 이에 아침, 저녁의 산책이 최소 1일 2회, 1시간이 더해진다. 부부는 동물사육 후 아기가 생겼을 경우의 대응이나, 고령자는 자신이 건강을 해칠 경우의 대응 등 자신의 인생설계에 맞추어 생각할 필요가 있다. 이사, 전근, 결혼, 이별, 출산, 육아, 이런 인생 속에서 개나 고양이를 책임지고 사육할 수 있을지는 중요한 고려사항이다(표 12.1). 또 개를 실제로 기르는 경우를 가정하여, 그 주거 환경과 주위환경을 사전에 조사해야 한다. 절대로 개를 액세서리 감각으로 선택하면 안 되고, 외관이 아닌 행동특성을 우선으로 하여 품종을 선택해야 한다. 예를 들면, 운동 활성이나 공격성이 높은 품종은 소형견이더라도 운동 활성이 낮은 대형견보다 손이 더 많이 가고, 훈련성능이 낮은 개체에게는 인내와 강한 훈련과 높은 기술이 요구된다. 혼자 생활하느라 강아지의 관리가 잘 되지 않는 사람, 고령자, 외출을 좋아하지 않는 사람들은 개보다 고양이를 기르는 편이 좋을 것이다. 강아지나 새끼고양이를 처음부터 기르는 것은 멋진 경험이지만, 책임질 일들이 매우 많고, 시간과 노력이 필요하다는 것에 유의해야 한다.

표 12.1 고려해야할 점

애정·동물윤리의 이해
생활
산책의 빈도
집 비우기
놀아주는 시간
가족 구성
환경
산책이나 놀이 공원
주위 주민의 이해도
도와줄 친구나 지인
동물 병원, 훈련에 관해 상담 가능한 사람

개(견종)의 선택
운동 활성
공격성
훈련성능
협조성, 친화성, 애착행동
사이즈
털
비용
백신, 사육용 도구, 식이

동물의 분양에 관한 지식

개나 고양이를 실제로 분양받을 때, 그 입수처를 확인해 둘 필요가 있다. 동물의 유전과 환경이 그 행동 양식을 형성시킨다는 것은 앞서 거론하였다. 예를 들어, 어떤 환경에서 어미가 임신하고 출산을 했는지도 알 필요가 있다. 더욱이 태어날 때 환경은 행동에 큰 영향을 주기 때문에, 새로운 주인이 되려면 그러한 정보도 최대한 입수해야 한다. 그동안의 연구에서, 부적절한 관리를 하고 있는 펫숍에서 입수한 경우에는 공격성이나 불안, 접촉에 대한 반응성이 상승하여 문제행동의 발생률이 높아지는 것이 보고되고 있다. 또 보호소 등의 보호 시설에서 입수하는 경우에는 전 주인과의 관계, 문제행동의 유무 등을 조사해 두어야 한다. 브리더로부터 혹은 친구로부터의 분양은 문제행동의 발생률이 낮은 것이 미국과 영국의 조사에서 드러났다. 브리더라고 하더라도 그 번식 상태는 다양하므로, 구입 전에 확실히 브리더와 정보를 주고받고, 적절한 육종 번식을 하고 있는 브리더에서 입수하는 것이 가장 바람직하다.

가정에서 동물을 선택할 때, 일반적으로 좋은 브리더란 다음과 같은 기준으로 쉽게 판단할 수 있다.

- 그 동물을 소중히 하고 있다.
- 종 특이적인 유전병을 검사하고 번식에 이용하는 동물은 그러한 질환을 갖고 있지 않은 것을 선택하고 있다.
- 전시동물보다 가정 동물을 목적으로 번식하고 그 때문에 외견보다 성격 등의 행동 측면, 유전성 질환 등을 중요시하고 있다.
- 어미개에게 가급적 스트레스를 끼치지 않도록 사육하고 있다.
- 어미개나 형제의 견학을 환영한다.
- 강아지, 새끼 고양이의 건강관리, 백신 프로그램 등을 성실하게 하고 있다.
- 양도 후, 강아지, 고양이가 병에 걸린 경우에도 대응하고 있다.

실제로 입수 전에 개나 고양이를 자신의 눈으로 확인하고 건강 상태나 모르는 사람에 대한 반응 등도 살핀다. 또 브리더를 방문했을 때에는 부모나 형제의 행동과 건강 상태도 새로운 동물을 맞이할 때의 중요한 정보가 된다.

입수 후의 동물에 대한 케어

어미와 좋은 관계를 가지고 있던 동물은 어미의 모유를 통한 이행항체뿐만 아니라 어미 개의 존재에 의한 사회 완충 효과를 얻을 수 있고, 결과적으로 감염 저항력이 높아진다. 그러한 동물은 입수 후에도 신속하게 새로운 환경에 적응한다. 그러나 바람직한 사회 환경에서 자라지 않은 동물은 가정에 들어갔을 때 적응에 시간을 필요로 하는 경우가 많다. 입수 후, 많은 주인들이 예방차원의 백신 접종이나 산책도 하지 않는 등 전혀 신경 쓰지 않는다. 그러나 그보다 중요한 것은 새로운 생활환경에 동물이 스트레스 받지 않도록 순화하고 사회화하기 위해 최소한의 가정 내 교육이나 주인과 좋은 관계를 형성하는 것이다. 스트레스를 받으면 감염에 대한 내성이 저하되고 허약해지므로 환경의 정비는 매우 중요한 항목이다. 예를 들어 개의 경우, 12주령 정도까지는 교육이나 복종 훈련이 필요 없고, 새로운 집에 순화하고, 가족이 따뜻하게 대해주어 친화 관계 구축에 전념한다면, 화장실 훈련, 목걸이에 익숙해지고 개의 이름에 대한 조건화 등 최소한의 훈련만으로도 충분하다. 강아지를 기르기 시작한 후, 10년 이상 함께 지낼 것을 생각하면, 입수 후 반년 동안은 개와 주인의 좋은 관계 구축과 기초 복종 훈련에 집중할 수 있는 시간과 노력을 할애해야 한다. 이것을 게을리 했을 경우, 그 후 10년간 개와의 관계는 서로에게 부담이 될 수도 있다. 반대로 이것을 잘 할 수 있다면 둘도 없는 반려자를 얻을 수 있다. 사회화기와 청년기의 중요성에 관해서는 제2장을 참조해 주었으면 한다. 일상생활의 순화 뿐 아니라, 적극적인 외부와의 접촉은 장래에 침착한 행동을 가질 수 있게 한다. 또 과도한 스트레스, 공포 체험은 그 후의 문제행동 유발 원인이 될 수 있으므로 최대한 피해야 한다.

개가 주인과 특별한 관계를 형성하고 있는 것은 명백한 사실이지만, 어떻게 접촉하면 그와 같은 좋은 관계가 형성되는지에 관해서는 별로 정보가 없다. 개의 생리적 욕구에 적절한 먹이와 물을 주는 것, 하루 2회, 30분 이상의 산책, 주인과의 놀이, 휴식 시간을 제공 할 필요가 있다. 개에게 스트레스를 주지 않고, 이 조건들을 항상 제공하며, 함께 있는 것에 기쁨을 느끼고 있다면 좋은 관계가 형성될 것이다. 그리고 그 관계는 개와 주인의 생활을 풍요롭게 하고 멋진 시간을 기약해 주는 것임에 틀림없다.

BOX 12 주인과 개의 유대관계

개가 어떻게 주인과 유대관계를 맺는지에 대한 상세한 연구는 아직 없다. 콘라트 로렌츠(Konrad Lorenz)도 그의 저서 '사람, 개와 만나다' 에서도 '개를 입수하기 전에는 자신의 신경이 얼마만큼의 부담에 견딜 수 있는지 고려해 두어야 한다.' 라고 말하고 있듯이, 어린 강아지를 돌보는 일은 매우 할일이 많다는 것이다. 그러나 그 노고를 잘 견뎌내고 특정 개와 함께 지내는 것은 '어떤 개라 할지라도, 개가 없는 생활보다는 반드시 훌륭하다' 라는 것이다. 그는 또 '개와 하루 2번, 신선한 공기 속에서 30분간의 산책은 주인의 최소한의 책무다' 라고 말한다. 이러한 사람과 개의 관계에 관한 연구가 앞으로도 진척되기를 기대한다.

퍼피클래스(Puppy Class)

원래 개는 사회성이 높은 동물 종이다. 그러나 그 이유로 인해 사회화가 잘 되지 않았을 때, 이것을 원인으로 해서 여러 문제행동을 유발할 가능성이 높다. 발달기의 중요성에 관해서는 제2장을 참조하길 바란다. 반면, 충분히 사회화된 개는 다른 사람이나 다른 개에게 침착하게 다가갈 수 있다. 개의 사회화(많은 개와 사람이 즐겁게 만날 기회를 가짐으로써 촉진된다)와 주인의 지도(개의 행동학·교육의 기본)를 목적으로 개최되는 것이 퍼피 클래스이다. 구체적인 프로그램은 도구적 조건화를 이용한 간단한 복종 훈련과 주인 교육으로 구성되어 있다(부록 참조). 대부분의 퍼피 클래스에서는 첫 번째 모임에는 개를 데려오지 않고 오리엔테이션만 실시한다. 주인마다 학습 항목과 복종 훈련 방법을 기재한 프린트를 받고, 다음 모임까지 가정에서 학습, 연습해 오도록 권고된다.

그림 12.1 퍼피클래스는 주인을 지도하는 목적으로 행해진다.

퍼피클래스는 동물병원이 주최하는 것으로서 앞으로 널리 개최 될 것이라 생각된다. 현재, 일본의 몇몇 동물병원이 실제로 주최하는 등 의욕을 가지고 있다. 퍼피클래스는 개의 사회화, 보호자의 교육 외에 훌륭한 고객만들기, 진료하기 쉬운 동물의 육성으로 연결되는 병원에도 가치가 높은 활동이다(그림 12.1).

퍼피클래스에서 주의점

- 견종에 의한 훈련 성능에 차이가 있는 것, 개가 관심을 갖고 있는 것을 주인에게 이해시킨다.
- 주인의 이해·동작·훈련능력·의욕에 차이가 있는 것을 이해한다.
- 하나의 교육법에 구애 받지 않는다.
- 사회화 촉진에 힘을 쏟으며, 절대로 공포 체험을 시켜서는 안 된다.
- 개는 행동적응능력이 매우 서툴다는 것을 충분히 의식하고 훈련메뉴를 조합한다.

동물복지와 동물사육

문제행동의 예방에도 직결되지만 실제로 동물사육을 시작했을 때, 주인으로서(사람으로서) 지켜야 하는 것이 '동물복지'이다. Animal Welfare라는 용어를 여기에서는 "동물복지"라고 말하지만 그 내용을 확실히 이해하고 주인에게 설명해주고 싶다.

동물복지는 (1) 동물의 상태를 생리학적 및 행동학적·건강 지표를 이용해 양적으로 나타내는 Welfare Science, (2) 동물에 대한 사람의 행동, 예를 들어 동물의 취급, 및 치료법이 도덕적인지 여부를 판단하는 Welfare Ethics, (3) 동물의 이용 방법이나 관리 방법이 법률에 따르고 있는지 여부를 판단하는 Welfare Legislation의 3가지 관점에서 종합적으로 판단된다. 또한 동물이 신체적 건강 상태, 정신적 건강 상태, 자연스러운 행동(동물 종으로 가지고 있는 고유의 행동)의 발현의 기회 부여라는 3가지 점에서, 어떤 처우를 받고 있는가에 의해 판단된다.

동물복지를 논할 때 자주 이용되는 다섯 가지 자유(5 프리덤)(표 12.2)는 산업동물을 다루는 영국 협회 Farm Animal Welfare Council이 1993년에 채택한 것이지만, 현재는 산업동물에 국한하지 않고, 모든 동물복지를 생각할 때의 지표로 되어 있다.

물론 현실에서는 5가지 각 요소가 동등한 중요성을 갖고 판단되지 않는다. 예를 들어, 백신접종을 위해 사회성이 전혀 없는 고양이를 동물병원에 데리고 가는 것을 생각해 보자. 백신 접종은 질병 예방이 목적이기 때문에 '질병으로부터의 해방'의 항목을 충족시키는 적절한 행위이지만, 사회성이 없는 고양이에게 동물병원에 가는 것, 주사를 위한 보정은 정신적 고통의 원인이 되며 복지를 훼손하는 행위이다. 이때 어느 쪽의 복지를 우선해야 하는지 고려해야만 한다. 일반적으로 중요시하는 순서로는 생명 유지, 건강 유지, 기분유지 순이다. 즉, 건강 유지를 위한 백신 접종은 일시적인 불쾌함을 주나, 동물복지에 적절한 행위로서 판단된다.

다섯 가지 자유(5 프리덤)에 부족함이 있는 동물은 문제행동을 발현하기 쉽다. 이미 문제행동의 각 장을 통해 접해 왔지만, 문제행동을 다룰 때는 "동물복지의 확보"를 주인에게 지도할 것을 잊어서는 안 된다. 동물복지가 보장되는 사육법으로 변경하는 것만으로 문제행동이 개선되는 사례가 많고, 동물복지가 보장되지 않은 문제행동치료에 임한 경우 바라는 개선을 보이지 못하는 사례도 많다.

표 12.2 개와 고양이의 5 자유

(1) 올바른 식이관리와 신선한 물의 보장(목마름 굶주림으로부터의 해방·자유)
(2) 청결하고 마음편한 거주환경의 보장(신체적 및 열 등의 불쾌감으로부터의 해방·자유)
(3) 질병예방, 조기발견 · 치료의 기회 보장(고통, 장애, 병으로부터의 해방·자유)
(4) 공포나 정신적 고통을 받지 않을 보장(공포와 절망으로부터의 해방·자유)
(5) 개나 고양이가 가진 본래의 행동을 펼칠 보장(정상적인 행동을 할 자유)

Freedom from
Discomfort
Freedom from
Hunger & Thirsty
Freedom from
Pain, Injury & Disease
Five Freedoms
for Welfare
Freedom
from Fear & Distress
Freedom to Express
Normal Behavior

MEMO

부록

Appendix

식이관리법

개의 몸과 마음의 건강을 지키기 위해서
올바른 식사 관리는 매우 중요합니다.

식이에 대해

옛날에는 식구들의 남은 밥(된장국과 섞은 밥 등)을 개에게 주었지만, 현재는 수의영양학의 발달과 경제 상태의 향상으로 사료나 개전용으로 조리한 식이를 주는 주인이 대부분입니다. 개는 늑대로부터의 진화도중에 사람처럼 잡식 동물이 되었지만, 사람과 각 영양소의 필요량이 다릅니다. 직접 완벽한 식이를 만드는 것은 힘든 일입니다. 사료는 실제로 사용되고 있는 원재료를 확인하는 것이 힘들다는 단점이 있지만, 굉장히 편리해서 많은 사람들에게 이용되고 있습니다.

사료의 선택 방법

여러 종류의 사료가 시판되고 있으며, 선택 시 망설이는 분도 많다고 생각합니다. 이것들을 구입할 때 가장 중요한 것은 원재료의 표시입니다. 탄수화물이나 단백질, 지방 등이 골고루 담겨 있어도, 원재료에 문제가 있다면(항생 물질이 포함된 고기, 부산물이 대부분, 농약이 듬뿍 묻은 채소) 곤란합니다. 물론 균형도 중요합니다. 합성 착색료, 인공 향료, 합성 보존료는 사용되지 않는 것을 고르고 싶을 것입니다. 천연물(비타민, 식물 등)에 의해 산화 방지를 하고 있는 것, 진공 팩과 질소 주입 팩에서 산화 방지를 하고 있는 것이 바람직합니다. 제조일시나 유통 기한도 잊지 않고 체크합시다. 몇 가지의 사료를 차례로 사용하는 것도 좋은 방법입니다.

유년기(소형견에서는 1살 정도, 대형견에서는 7개월 나이 정도)에는 강아지용, 그 후에는 성견용, 비만일 때는 저칼로리의 것을, 5~7세를 지나면 노령견용을 급여합니다. 개에 따라 식이의 변경 시기가 다르기 때문에, 수의사와 상담해 주세요. 채소나 육류를 더운 물에 데쳐, 먹이 위에 끼얹는 방법도 있지만, 그럴 경우에는 (간을 하지 않는다) 10 % 이내의 양으로 제공해 주세요. 그러면 전체 영양 균형이 유지됩니다.

추천하는 것은 프리미엄 사료입니다. 역시 프리미엄 사료는 원재료를 엄선하기 때문에 비쌉니다. 요즘은 알레르기를 고려해 단백질의 종류를 한정한 푸드가 여러 업체에서 나오고 있습니다. 하지만 알레르기견 전용사료라고 적혀 있어도 그 재료가 알레르기의 원인이 될 때도 있습니다(예를 들어, 양 고기에 알레르기가 있는 개에게 램 앤드 라이스라는 먹이를 주는 등). 알레르기가 의심될 경우에는 수의사의 진료를 받는 것을 추천합니다.

푸드의 보존에 대해

건사료는 개봉했을 때 1개월 이내에 먹을 수 있는 양을 삽시다. 건사료는 표면에 기름을 코팅하고 있는 것이 많고, 산소에 닿으면 점점 기름이 산화되고 변질되어 버립니다. 산화를 막기 위해 최대한 적은 양으로 나누어 밀폐할 수 있는 용기에 넣어 시원하고 건조한 장소에 보존합시다(조금씩 나누어서 냉동 보관하는 것이 가장 좋은 방법입니다).

식이의 주는 방법에 대해

식이는 시간을 정해 주는 것이 원칙입니다(정확할 필요는 없습니다. 오히려 그 시간을 철저하게 정하지 않는 것이 좋습니다). 4개월 까지는 하루 4번 이상, 6개월 정도까지는 3회 이상 줍시다. 성견에서는 2회 이상 주기를 추천합니다. 식사시간은 3분 이내에 끝내도록 합니다. 3분이 지나도 안 먹는다면 치워 버립시다. 두고 먹이는 것은 절대로 그만두세요. 푸드를 훈련의 상으로써 사용하는 경우, 식사시간을 훈련 시간에 두면 효율이 올라갑니다.

접시에 담고 식이를 줄때에는 조용히 합시다. 안정된 상태에서 먹이고 계속 지켜보지 않는 것이 중요합니다. 또, 밥을 뺏거나 밥그릇에 손을 넣는 등의 참견을 하지 않도록 합시다.

식이의 양에 대해

사료봉지에 쓰여 있는 것은 대략적인 기준입니다. 강아지라면 1주일마다, 성견이라면 1개월마다 몸무게를 측정하여 적절한 양을 조정해 주세요. 문제가 되는 것은 식이를 너무 많이 주는 것 입니다. 변이 딱딱하지 않다면 양을 줄여 보세요. 양이 많으면 오히려 소화불량을 일으키고 야위어 버리므로 주의하세요(강아지의 경우, 어미로부터 기생충을 받아 오는 경우가 있으므로, 설사가 계속된다면 동물병원의 배설물 검사가 필수입니다).

식이첨가물에 대해

식이에 첨가하는 이른바 건강 기능 식품(영양 보조식품)이라는 것이 펫숍 등에 보편화되고 있습니다. 양질의 먹이를 주고 있다면 이들의 보급은 필요 없습니다. 특히 대형견의 성장과정에 칼슘을 첨가하는 것은 뼈의 성장에 악영향을 미칩니다. 섣부른 첨가는 하지마세요. 물론 연령, 활동량, 건강 등 사용 목적에 따라 필요한 경우도 있습니다. 수의사와 상담해 주십시오.

왜 살이 찌지? 간식을 주는 방법

귀여운 눈동자를 보고 있으면 나도 모르게….
그러나 그것은 진짜 사랑일까요?

"우리 개는 사료를 전혀 먹지 않아요", "뭔가를 토핑하지 않으면 거들떠보지도 않아요", "사료를 전혀 안 먹었는데도 살이 찐답니다"라고 하는 주인은 세상에 많이 있습니다.

살이 찌는 원인은 섭취 칼로리와 소비 칼로리의 균형이 흐트러졌기 때문입니다(병은 별도).

그럼 사료를 전혀 먹지 않는데 살이 찌는 것은 왜일까요? 아마 음식 이외의 것으로부터 충분한 열량을 얻고 있기 때문입니다. 간식, 주인의 남은 밥이 그것입니다. 특히 소형견의 경우, 필요 열량이 적기 때문에 간식만으로도 충분히 자신의 몸을 유지해 나가는 것이 가능한 개가 많이 있습니다.

이것은 건강한 식사 관리가 아닙니다. 식욕의 유무를 판정하기도 어렵게 되므로 병의 조기 발견을 못한다는 단점도 있습니다.

운동을 하지 않고 소비 칼로리를 늘리는 것은 반려동물에게는 불가능하므로, 섭취 칼로리를 조정할 수밖에 없습니다. 그 중 가장 먼저 줄여야 할 것은 '간식'이겠죠?

간식에 대해

같은 말을 반복하고 있지만, 간식만으로도 충분한 열량을 얻을 수 있다면 개는 사료를 필요로 하지 않게 됩니다. 사료가 식생활의 중심이 되어야 합니다.

주인의 '주고 싶은 마음'과 동물의 '받고 싶은 마음'을 만족시키기 위해, 비만 개에게는 당근, 샐러리, 오이, 무, 양배추 등을 주는 건 어떨까요?

소량의 간식은 문제행동의 치료에 도움이 되고, 주인과의 즐거운 시간을 연출해 줍니다. 특별간식으로 고기, 간(肝)을 데치고 작게 썬 것, 염분이 적은 치즈, 보존료·착색료가 무첨가 된 저키류, 캣푸드, 바게트 빵, 국물을 우려낸 후의 말린 멸치 등은 어떻습니까? 3 kg정도의 소형견에게는 집게손가락의 첫째 관절 정도의 양을 1일 기준으로 생각하세요. 보통 훈련의 포상에는 식이에서 따로 빼놓았던 푸드를 이용합시다.

이빨을 가는 시기, 지루함을 달래기 위해, 치약 대신의 간식으로써 개 껌이 있습니다. 소화가 잘 안되므로 많이 주면 식욕 부진을 보이거나 설사를 하는 일이 있습니다. 10분 정도에 다 먹을 정도의 크기를 준비하던지, 10분 정도 지나면 다른 것으로 주위를 돌려 그 사이에 숨겨 버립시다. 가장 좋아하는 것을 먹고 있을 때 그것을 뺏는 사람을 좋아하게 될 수 없는 것은 개도 마찬가지 입니다.

씹지 않고 삼키는 개는 주지 맙시다. 소발굽은 단단해서 이를 부러뜨릴 있습니다. 돼지귀는 기름이 너무 많고, 살모넬라증의 원인이 될 수 있습니다. 줄 때에는 주의가 필요합니다.

장난감 주는 방법

주고 방치 한다면 안 주는 것보다 못할지도?

깨무는 것은 개에게는 당연한 행동입니다. 특히 강아지의 경우는 관심 있는 것, 가장 좋아하는 것은 바로 입으로 물어 확인해 보고 싶어합니다. 어미나 형제 개와 함께 있다면, 서로 깨물며 놉니다. 깨무는 행동을 통해서, 얼마나 힘을 넣으면 상대가 화를 내는지, 재미있는 깨물기 놀이가 끝나 버리는지를 깨달음으로써, 깨무는 힘의 억제를 배워 갑니다.
그러므로 강아지가 우리의 발과 손을 깨무는 것은 당연한 행동으로, 전혀 깨물지 않는 강아지가 있다면 오히려 걱정입니다. 하지만 안타깝게도 우리의 피부는 두꺼운 모피에 덮여있지 않고, 피부도 개에 비교하면 굉장히 얇으므로, 애교로 무는 강아지의 작은 치아는 때때로 흉기라고 생각하게 됩니다.

그러므로 개가 사람을 깨무는 행동을 삼가기 위한 방법을 강구할 필요가 있는 것입니다. 이 때 유용한 것이 물어도 되는 장난감입니다. '콩(Kong)' 같은 어느 정도 경도를 가진 장난감이나 인형이나 목장갑, 타월 등의 부드러운 장난감을 주세요. 이것은 주인이 함께 놀아주기 위한 도구이므로 주고 방치하지 말고 지정한 시간에 주도록 합니다. 1회당 5-10분 정도 집중해서 놀아 줍니다. 이를 하루에 수회 반복해 주세요. 사람의 손을 깨무는 것보다 사람과 함께 장난감을 물며 노는 것이 즐겁다고 개가 생각하도록 합니다. 사람의 손을 깨물게 되면 즉시 말없이 손을 빼고 개를 1분간 무시합니다. 사람의 손을 물면 놀이가 끝나 버리는 것을 깨달은 개는 사람의 손을 물기보다, 장난감을 깨물 것을 선택합니다. 절대 해선 안 되는 것은 깨물 때 소리 내며 도망쳐 달아나는 것입니다. 이를 강아지는 놀이로서 학습해버려, 점점 무는 개가 되어 갑니다. 개 잘못이 아니라 사람이 잘못 대처한 것 입니다. 당연히, 어리광으로 깨문 개에게 체벌을 주어서는 안 됩니다. 강아지는 탐구심, 호기심, 놀이로서 깨문 것인데 갑작스런 체벌에 당황하고, 체벌을 준 사람이나 손발을 무서워하게 됩니다. 장래는 이것이 원인이 되고 무서움이 원인의 공격행동으로 발전할 가능성이 있습니다.

콩(Kong) 사용법(콩에 좀 더 관심 갖게 하기 위해)

집을 지킬 때나, 소란스럽지 않게 작은 방에 있게 하고 싶을 때 열중할 수 있는 것을 주면 서로가 행복하겠죠?

- 푸드 샤베트(불린 푸드를 담고 냉동고에서 30분)
- 무당(無糖) 요구르트 샤베트(요구르트를 담고 냉동실에 30분)
- 야채 스틱과 빵의 가장자리 곁들임(길게 썰은 야채 스틱과 작게 자른 식빵을 채워 넣는다)
- 핫케이크를 채운 콩(당분을 뺀 핫케이크를 구워 콩에 넣는다)
- 크림치즈 혹은 땅콩버터맛 콩(콩 구멍의 벽에 얇게 크림치즈와 땅콩버터를 바른다)

콩 (사진제공: 테트라재팬주식회사)

화장실 훈련

한 번에 가르쳐 버리는 것이 요령입니다.
단단히 감시합시다.

모든 것에 공통하지만 '화장실 이외에서 배설하지 않는다'는 것을 가르치기보다 '화장실에서 배설한다'를 가르치는 것이 훨씬 간단합니다. 바람직한 행동을 하게 개를 유도하고, 그 행동을 취하자마자 칭찬하면 되기 때문입니다. 화장실에서 배설하면 충분히 칭찬하고, 맛있는 포상도 주고, 개를 기쁘게 함으로써 개는 그 행동을 더 하게 됩니다(이를 행동의 강화라고 부릅니다. 우리는 이 방법을 이용해 모든 훈련을 하는 것을 추천합니다).

실패를 꾸짖게 되면 개는 실패한 장소나 상황에서만 배설하지 않는 개로 자라게 됩니다. 기쁜 마음으로 화장실에서 배설하는 개로 기르기 위해, 화장실에서 한 일을 칭찬하도록 합시다.

'거주지'와 '밖(화장실)' 구별하기

개는 원래 깔끔한 동물입니다. 자신의 거주지를 깨끗이 유지하고 싶다는 의식을 가지고 있습니다. 어미는 새끼가 3주 정도까지는 강아지의 뒤를 핥아서 배설을 촉구하고 소변이나 변을 다 삼켜 집을 깨끗하게 유지합니다. 이 시기의 강아지는 스스로 배설하지 못합니다. 어미 혀의 자극에 의해 반사적으로 배설합니다. 강아지는 4주령 즈음에는 잠자리에서 떨어진 곳에서 자신의 의지로 배설할 수 있게 됩니다.

그리고 가족의 일원이 된 강아지에게 처음에는 '여기가 화장실'이라고 가르칠 필요가 있습니다. 변기 시트를 깔고 있는 곳이 '배설하기에 좋은 장소'라고 가르치는 것입니다. 처음에는 시트의 발 촉감을 외우게 하면서 실패 횟수를 줄이기 위해 여러 곳에 화장실 시트를 두는 것을 추천합니다.

강아지의 화장실 레슨

변기 시트를 '화장실'로 이해시키려면, 강아지를 때맞춰 데리고 나갈 필요가 있습니다. 강아지로부터 눈을 떼지 않고 배뇨나 배변의 기미(안절부절 못하기 시작해, 바닥을 킁킁대거나, 부자연스럽게 허리를 내리거나, 당신을 올려다보거나 하는 등)가 보이면 바로 강아지를 안아 올리고 화장실로 데리고 갑니다. 배설을 의미하는 명령 '원 투(좋아하는 말로 대체 가능합니다)'를 배설하고 있는 사이에 걸쳐 명령하고, 배설을 마치면 칭찬하는 것을 반복합니다. 보통 강아지는 자고 일어나서 바로, 또 식사 후에도 배뇨, 배변합니다. 낮에는 2~3시간 간격으로 배뇨합니다. 혹시 화장실 이외의 장소에서 배설 하려는 것을 찾으면 바로 강아지를 안아 올리고 화장실에 데리고 가 거기서 배설하면 칭찬해 줍니다. 배설하고 있는 중이나, 알아채는 것이 늦어서 지켜지지 않았을 때는 꾸짖어서는 안 됩니다(숨어 배설 하는 개로 자라 버릴 수 있습니다). 실패한 장소는 깨끗이 닦고, 소취제 등으로 냄새를 지워 둡니다. 뒤처리가 강아지에게 게임이 되지 않도록 하세요.

실패를 막기 위해서는 잘 감시해야 합니다. 감시할 수 없는 시간대에는 울타리나 케이지에 넣도록 합시다(여기에도 시트를 깔아 놓으면, 강아지는 절대로 실패하지 않게 됩니다). 강아지가 하루 중, 소변을 참을 수 있는 시간은 월령+1 시간이 한도라고 합니다. 3개월령 강아지라면 4시간입니다. 이것을 참고에 화장실 훈련을 해 주세요. 인간의 아기를 생각하면 개는 엄청난 속도로 배설 장소를 기억합니다. 가르치는 방법이 어지간히 나쁘지 않으면, 어떤 개도 6개월쯤에는 1개월간 5회 정도의 실패를 합니다. 1년령일 때는 완벽히 될 것입니다. 1살에 완벽한 사람의 아이는 없습니다. 꾸짖는 것을 생각하지 않고, 능숙하게 칭찬해 주는 건 어떨까요? 완벽을 강아지에 바라는 것은 사람의 자기중심적인 사고입니다.

쓰다듬을 받는 중이거나 흥분하여 방뇨하는 강아지

강아지를 쓰다듬고 있는 동안 스스로 벌렁 드러누워 방뇨를 할 때가 있습니다. 또 가족의 귀가 때나 손님이 와서 흥분했을 때, 무서운 생각을 했을 때에도 살짝 실금을 할 수 있습니다. 이것은 배뇨라기보다는 실금입니다. 강아지는 비뇨기계의 발달이 미숙하고, 소변을 멈추는 요도 괄약근의 긴장을 잘 유지할 수 없습니다. 이 근육은 의식적으로, 또는 무의식적으로 작동합니다. 강아지는 이 무의식적으로 작동하는 근육에 대한 지배가 불완전하고 약한 것입니다. 강아지가 벌렁 드러누운 자세는, 복종 태도라고 합니다. 누워 배를 보이고 있을 때, 격하게 흥분해 있을 때는 긴장을 유지할 수 없습니다. 복종적인 개, 흥분이 강한 개에서 이런 종류의 배뇨를 자주 보입니다.

이 실금에 대해서는 보통의 배뇨 실패 때처럼 절대로 혼내지 않는 것이 중요합니다. 개는 무의식적으로 배뇨하고 있는 것이니까 주인이 왜 화 내는지 이해할 수 없습니다. 복종 경향이 강한 개는 고압적인 자세가 되지 않도록 하고, 흥분하기 쉬운 개는 조용히 말을 거는 등 예방에 힘쓰도록 하세요. 이 살짝 지리는 버릇은 성장하면(대개 1년령 까지는)자연스럽게 사라질 것입니다.

밖에서 배설을 가르치고 싶은 경우

개가 점점 커짐에 따라 배뇨・배변의 양이 늘어납니다. 밖에서 배설할 수 있게 해 달라는 것이 많은 대형견 소유자들의 바람 입니다. 밖에서의 배설을 가르치는 가장 좋은 방법은 집의 화장실을 아예 없애는 것입니다. 강아지가 언제 배설할지 이미 알고 있을 것입니다. 그리고 같은 타이밍에 밖으로 몰아냅니다. 배설시간을 가늠해서 지금까지 사용하던 화장실의 깔개(다소 냄새가 남아있는 것)를 바깥 배설지에 두고 목줄을 달고 개를 유도합니다.

이미 실내에서 학습하고 있는 배설을 의미하는 명령 '원투'를 명령하여 배설하면 충분히 칭찬해 줍니다. 배설할 시간이더라도, 처음에는 참고 냄새를 맡으며 돌다가 좀처럼 배설하지 않을 수도 있습니다. 목줄을 짧게 쥐고 시트로 잘 유도해 작은 원을 그리듯 움직이며 배설을 촉구해 주세요. 배뇨한 후에는 물을 흘려 둡니다. 변의 경우는 줍습니다. 직경 1m정도의 장소를 화장실로 인식시킵시다. 성견은 15시간 정도 배설을 참을 수 있습니다. 하지만 건강을 생각해 하루에 4회(아침 일어났을 때, 점심, 저녁, 자기 전)는 배설을 위해 짬을 내주시길 바랍니다.

크레이트 훈련
(Crate: 케이지, 상자)

안전하고 안심이 되는 보금자리를 마련해 둡시다.

크레이트 훈련이 잘 되어 있으면 '개를 싫어하는 손님이 왔을 때 정해진 위치로 보내는 것이 가능하고', '집 지킬 때 파괴행동의 예방', '입원이나 애견호텔에 맡길 때 개의 스트레스가 최소화 되는 것', '드라이브 중의 안전을 확보' 등 많은 이점이 있습니다.

크레이트는 금속제나 플라스틱 케이지를 말합니다. 우리라고 생각해 단지 개를 가두어 두는 것으로서, 그 안에 개를 넣는 것은 불쌍하다고 생각하는 사람이 있을지도 모르지만, 개에게 크레이트는 안전하고 안심할 수 있는 따뜻한 둥지 같은 곳입니다. 이것은 개의 조상인 늑대의 생활(동굴이나 파낸 구멍 등을 잠자리로, 사냥이나 놀이 이외의 시간에는 그곳에서 쉴 때가 많다)을 생각하면 납득할 수 있을 것입니다.

크레이트에 들어가기를 싫어하지 않는 개가 아니라 '크레이트에 들어가', '하우스'라는 명령에 기꺼이 따르는 개가 되도록 하는 것이 중요합니다. 명령에 따랐을 때 충분히 칭찬해 주는 것을 잊지 마세요.

크레이트의 선택 방법

크레이트는 개가 그 안에서 몸의 방향을 바꿀 수 있고 편하게 서거나 앉을 정도로 충분한 크기(개가 서 있을 때 머리가 닿지 않을 정도의 높이)를 고릅시다. 물론 현재 당신의 개가 강아지라면 성견 사이즈가 될 때를 생각해 적절한 크기의 것을 삽시다. 크기의 기준은 동물병원에 문의하십시오. 타입으로서는, 쉽게 접거나 펼 수 있고 운반이 편리한 것이 좋습니다. 만약 당신이 자주 개를 자동차에 태운다면 가정용과 차량용, 2개의 크레이트를 준비하면 편리합니다.

크레이트에 익숙하게 하는 방법

우선 크레이트 안에 강아지가 좋아하는 깔개, 담요, 주인의 냄새가 배어있는 헌 옷 등을 깝니다. 크레이트의 문을 연 상태에서 끈을 단단히 묶어두고, 크레이트에 강아지가 자유롭게 드나들 수 있게 합니다.

크레이트에 들어가는 것을 싫어하는 개는 먹이와 장난감을 사용하고, 안에 들어가는 것이 나쁜 것이 아님을 알려줍니다. 강아지가 응하지 않으면 개를 안아들고 크레이트 안에 넣어 크레이트 내에서 먹이를 줍시다. 크레이트를 무서워하는 개의 경우에는 처음에는 크레이트에 들어가기 전에 사료를 먹이고 다음에 문 앞에서, 크레이트의 입구 쪽에 들어가자마자 등 서서히 크레이트 안으로 들어가는 것에 익숙해지게 합시다. 명령을 내리지 않아도, 개가 크레이트에 들어가서 쉬는 것이 보이면 상냥하게 말을 걸어주면 좋을 것입니다.

개가 완전히 크레이트에 익숙해지면, 크레이트 안에 들어가게 하는 명령 '하우스'를 익혀 갑니다. '하우스'라고 유도해, 따르면 포상을 줍시다.

그 다음, 개가 크레이트에 들어가면 먹이와 장난감을 주고 문을 닫고 칭찬한 후, 바로 문을 열어 꺼냅니다. 이것을 몇 번이나 반복하고, 서서히 문을 닫아 두는 시간을 늘려 갑니다. 산책이나 운동 후에 개가 침착할 때를 노리고 이 훈련을 하면 됩니다. 처음에는 '하우스'라는 명령이 집을 의미하지 않도록 주의합시다. 개는 여기서 자다가 일어나면 또 주인과 노는 것이라고 생각하게 될 수도 있습니다.

크레이트 훈련에서 중요한 것은 처벌로써 크레이트를 사용하지 않는 것입니다.

드라이브에 대해서(추가)

자동차로 나갈 때는 차내에서의 사람과 개의 안전을 확보해야 합니다. 크레이트에 들어가 얌전히 있는 훈련이 되면 크레이트 안이 가장 안전하기 때문에, 자동차의 진동을 흡수하도록 상자에 담요나 타월을 깔아둡니다. 또, 대형견이라 크레이트에 들어가지지 않는다면, 개 전용 안전벨트나 격자(칸막이 가드)를 이용할 수 있습니다. 개 전용 격자는 자동차 안 뒷좌석에 설치하고 목줄을 격자에 묶으면 더 안전 할 것입니다. 창문으로 얼굴을 내밀어 털을 날리는 것은 위험합니다.

여름철은 열사병에 걸리기 쉬우니 특히 개를 자동차 안에 장시간 남겨두지 않게 조심합시다. 개는 체온 조절이 잘 안 되기 때문에, 짧은 시간이라도 자동차에서 떠날 수밖에 없을 때는 물을 주고 창문 몇 군데를 열어 통풍을 촉진하고 그늘에 자동차를 주차시킵니다. 그래도 한여름에는 10분이 한도입니다.

자동차에 타는 것을 심하게 무서워하는 개와 멀미를 하는 개의 증상은 비슷합니다. 진정되지 않고, 헐떡이기 시작해, 계속 짖거나 배뇨·배변하기도 합니다. 대부분은 자동차의 진동이라는 자극을 억제하면 막을 수 있습니다. 크레이트는 개의 몸을 꼭 잡아주므로 이러한 개에게는 특히 추천입니다. 자동차에 타는 것을 심하게 무서워하는 개가 자동차를 자신의 집, 즉 영역이라고 생각하면 그 공포심을 제거할 수 있습니다. 자동차를 개의 영역으로 인식하게 하려면 집 안에서의 행동을 자동차 내에서 실행해 보는 것입니다. 예를 들어 개가 좋아하는 장난감을 자동차 내에 들여와 정지한 자동차 안에서 개와 놀아 주고 식이를 주기도 합니다. 만약 너무 무서워해서 자동차에 탈 것 같지 않으면 자동차로 다가가 놀아 주고 식이를 주는 데서부터 시작해야 할 것 입니다. 중요한 것은 개에게 맞추어 최초의 첫발을 내딛는 것입니다. 주차되어있는 자동차 안에 개가 익숙해지면 다음에 자동차는 움직이지 않고 엔진을 켠 상태에서 같은 것을 반복합니다. 다음은 천천히 움직이며 근처를 돌아봅시다. 처음에는 운전자 이외의 가족이 개와 함께 놀아주는 것이 중요합니다.

1회 10분 정도의 훈련이 좋습니다. 서두르지 말고 조금씩 합시다. 매일 3회 정도 하면, 어떤 개도 1주일 정도면 적응할 것입니다. 자동차에 타고나서 행선지가 즐거운 장소인 것도 중요합니다. 근처 공원 등을 행선지로 해서 마음껏 놀아 줍시다. 싫은 기억뿐인 병원을 행선지로 한다면 자동차를 싫어할 수밖에 없습니다.

중성화 수술의 추천

수술을 하는 것은 애정의 한 가지라고 생각합니다.
어릴 때 수술하는 것을 추천합니다.

중성화 수술(불임 수술이나 거세 수술)을 듣고 여러분 생각은 어떻습니까? 불쌍하다거나 병이 없는 몸에 왜 일부러 수술을 하느냐는 거부반응을 보이는 사람도 많을 것입니다.

발정기인 암캐의 냄새를 맡고도, 집을 탈출해 찾아다니는 것을 할 수 없는 수캐들의 스트레스는 매우 크고, 주인에 대한 공격성이 되어 나타나기도 합니다. 암캐도 발정 시에는 수캐를 받아들이고 싶어 합니다. 자유로운 교배를 허용하지 않는 현대 사회에서 중성화 수술을 하지 않는 것은 오히려 자연의 상태에 어울릴 수 없다고(동물들의 자연스러운 행동을 제한한다) 할 수 있겠습니다.

수술에 의해 수컷다움이나 암컷다움이 없어져 버리는 것이 아니라, 오히려 우리 가족의 파트너로서 더 어울리는 행동을 하게 됩니다. 불임 수술을 한 동물들이 분명히 평균 수명이 긴 것도 알려져 있습니다. 맹인안내견들이 모두 수술하는 것을 알고 계십니까? 그들은 매우 장수합니다.

수컷의 중성화 수술(거세 수술)

거세(정소 적출)수술은 수컷 특유의 공격성, 즉 텃세나 암캐를 얻기 위한 의식에서 오는 공격성을 완화시킵니다. 또 집 안에서 영역표시(다리를 올려 소량의 소변의 냄새를 묻히는 것)를 감소시킵니다(산책 노중에는 평소처럼 다리를 올려 배뇨합니다). 발정 중의 암캐를 찾는 것이 없어지므로 탈주 버릇이 줄어들고 사람에 매달려 엉덩이를 흔드는 마운팅과 같은 곤란한 행동도 개선됩니다. 또, 질병 예방에도 도움이 됩니다. 정소의 종양, 전립선 비대의 예방이 됩니다. 그밖에, 회음 헤르니아, 항문주위선암 등의 이환율도 감소합니다. 또한 거세 후 살 찌기 시작했다는 말을 가끔 듣지만 이는 대사가 변화하기 때문입니다. 식이 칼로리를 지금까지의 9할 정도로 억제하면 막을 수 있습니다. 개의 비만은 주인이 간식을 너무 많이 줘서, 강아지기를 지나도 성장에 필요한 양을 계속 주는 것이 원인이 됩니다. 구체적인 시기에 대해서는 수의사와 상담해 주십시오.

암컷의 중성화 수술(불임 수술)

일본에서 개의 살처분 수는 연간 40~50만 마리로 추정되고 있습니다. 불행한 강아지들을 늘리지 않기 위한 최선의 수단은 예정 외의 임신 예방을 목적으로 한 불임 수술입니다. 암캐는 발정기와 무발정기, 즉 수캐에 관심을 가지고 교배를 준비하는 시기와, 전혀 관심을 갖지 않는 시기가 있습니다. 발정기일 때는 체내에서 호르몬이 크게 변화하고 언제나 주인을 잘 따르던 개가 무관심하게 되거나 공격적이 되는 일이 있습니다. 또한 개는 위임신이라고 불리는, 실제로는 임신하고 있지 않음에도 불구하고 임신한 듯한 심신의 변화가 일어나기 쉬운 동물입니다. 인형을 강아지 대신으로 생각해 소중하게 여기고 이를 지키기 위해 공격행동을 일으킬 수 있습니다.

불임 수술은 이들 문제행동의 예방에 도움이 됩니다. 게다가 수캐와 마찬가지로 병의 예방에도 도움이 됩니다. 평균 수명이 늘어난 탓인지 종양이 노령견에서 매우 많은데, 암캐에서 가장 많은 것이 유선 종양입니다. 또 호르몬의 움직임이 독특하기 때문에, 자궁 축농증이라는 병으로부터 자유로워질 수 있습니다. 불임 수술에 의한 유선 종양의 이환율은 낮아지고, 난소 자궁 전체 절제 수술을 받아 두면 자궁 축농증은 100 % 예방됩니다. 수술은 가능하면 개의 크기와 체력을 고려해 1차 발정이 오기 전(4~6개월)이 좋습니다. 적어도 2차 발정 직전에 합시다(유선 종양의 예방을 위해). 구체적인 시기에 대해서는 수의사와 상담해 주십시오.

어떻게든 강아지를 기르고 싶은 주인을 위해서

개의 번식은 심심풀이로 하는 일이 아닙니다. 브리더란 그 품종의 유지와 발전을 위해, 체형, 성질, 능력을 판별해 어미와 아비를 선택하고 계획적으로 교배하는 사람입니다.

품종 스탠다드, 교배에 관한 지식, 임신과 출산시의 사양 관리, 신생자의 사양 관리 등 많은 지식이 요구됩니다. 부모 개는 교배하기 전에 반드시 유전 질환을 가지고 있지 않은지 진찰을 받아야 합니다. 물론 암수에 모두 말입니다. 같은 품종끼리니까 라는 안이한 이유로 교배하지 마세요.

개는 보통 다태동물이라 강아지들의 분양지를 스스로 확보해야 합니다. 아이의 정서 교육을 위해 개를 교배시키는 것은 동물학대입니다. 개는 도구가 아니니까요.

브러싱과 샴푸

건강 체크에 가장 도움이 되는 것은 손질입니다.
손질을 좋아하는 아이로 키웁시다.

개의 손질은 매우 중요한 일입니다. 외형의 아름다움뿐만 아니라 피부를 청결하게 유지하는 것은 질환을 예방함과 동시에 몸과 접촉하는 커뮤니케이션을 취함으로써 개의 건강 상태를 점검할 수 있습니다.

브러싱과 샴푸

샴푸를 하기 전에 반드시 온몸을 브러싱합니다. 먼저 브러싱에 대해 설명하겠습니다.

브러싱 방법

강아지를 처음으로 빗질할 때는, 브러시의 각쪽으로 빗기 시작해, 점점 솔의 전면을 사용한 브러싱으로 단련해 갑시다.

도구는 털브러시(몸의 오염을 없애거나 집안을 정돈하거나 하는데 이용), 슬리커 브러시(철사 모양의 금속이 심어진 솔로, 털을 제거하는 데 편리, 발끝 등의 털틈에도 이용), 핀브러시(금속제의 핀 브러시. 빠진 털을 떨어뜨리기 쉽다. 한쪽이 핀브러시, 한편이 털브러시가 되는 양면 브러시도 있음), 빗(일반적인 금속빗과 벼룩 잡기용 빗), 고무브러시(빠진 털을 제거함)등이 있습니다. 털 길이, 모질에 의해 사용하는 도구가 다릅니다. 무엇이 당신 개의 빗질에 필요한 도구인지는 동물병원에 문의하십시오.

브러싱은 매일 조금씩 합시다. 강아지는 쉽게 질리므로 길어도 5분 정도로 끝내도록 합시다. 털뭉치를 만들지 않도록 매일 손질을 하면 짧은 시간만으로도 충분합니다. 브러싱하고 있는 동안은, 즐거운 듯이 말을 걸거나 껌을 주는 등 즐거운 요소를 도입합시다.

◥ 장모종

핀 브러시로 몸 전체를 부드럽게 빗어줍니다. 강하게 털을 잡아당겨서는 안 됩니다. 그 다음 금속빗으로 빗습니다. 몸 아래쪽의 털쪽부터 빗을 넣으면 엉키지 않고 빗질 할 수 있습니다. 얼굴의 털이 긴 개는, 엉킨 털과 긴 털이 눈에 들어가지 않도록 개 미장원에서 랩핑을 해 봅시다(묶는 방법을 배워와서, 집에서 다양한 리본을 달아주는 것도 멋집니다). 털뭉치가 생기기 쉬운 곳은 귀 뒤, 겨드랑이, 뒷발의 허벅지와 엉덩이 쪽입니다. 일주일에 한 번 고무브러시를 해서 오버코트의 빠진 털을 제거합시다.

◥ 단모종

고무브러시로 털의 흐름에 따라 문질러, 표면에 빠진 털을 제거합니다. 그 뒤 털브러시로 꼼꼼하게 전체를 브러싱 하고 오염물을 떼고, 윤기 있게 합니다.

샴푸의 방법

실내견의 경우 월 1–2번이 적당합니다. 샴푸와 샴푸 사이의 기간에 모발이 더러워졌다고 생각되면 물을 짠 수건으로 몸을 닦으면 좋습니다. 자주 목욕시키면 윤기가 없어지거나 개 피부에 있는 정상적으로 존재하는 세균의 균형을 잃게 되어 오히려 피부병에 걸리기 쉽습니다. 펫숍에 가면 여러 종류의 샴푸를 팔고 있습니다. 자신의 개에 적합한 샴푸를 구매합시다. 처음 살 때는 점원에게 사육 장소나 알레르기 유무, 샴푸의 횟수 등을 알리고 조언을 듣도록 합니다. 펫숍에 따라서는 미용서비스를 병영하는 곳도 있습니다. 그 경우에는 그 가게에서 실제로 쓰는 샴푸를 찾아봅시다. 종종 사람용 샴푸를 사용해도 되냐고 묻습니다만, 피부의 pH와 털의 질이 다르므로 권장할 수 없습니다. 피부병이 관찰되면 바로 수의사와 상담해 주세요. 피부병 전용 약용 샴푸가 필요한 경우도 있습니다(원인에 따라 종류가 다릅니다. 정확한 진단을 받읍시다).

개가 목욕을 좋아하게 하는 비결은 빨리 마무리하는 것과 주인이 즐겁게 해주는 것입니다. 또 목욕 후 드라이어로 털을 말릴 때에도 지루한 개의 마음을 달래기 위해 장난감, 간식을 이용하면 좋습니다.

◥ 샴푸의 순서

① 목욕하기 전에 배설을 끝내고 자주 브러싱하고 털 뭉치나 빠진 털을 제거합니다. 갑작스런 샤워기 물에 개가 놀라지 않도록 30~35도 정도의 온수를 발쪽부터 조금씩 전신 피모를 젖게 해 주세요(여름은 30도 이하의 미지근한 물). 샤워기 머리를 몸에 밀착시키는 것이 무섭지 않게 하는 요령입니다. 얼굴에는 물을 끼얹지 않도록 해 주세요.

② 샴푸는 물로 희석해서 몸에 직접 닿지 않게 스펀지 등에 묻혀 이용합니다.

③ 온몸이 물에 충분히 젖으면 다리, 그리고 몸의 뒤에서 앞쪽으로 샴푸를 묻힌 스펀지를 피부에 비벼 온 몸에 샴푸 칠을 합니다. 그 후 손끝으로 피부를 마사지 하듯 목, 등, 꼬리, 다리의 순서로 씻습니다. 샴푸로 씻는 것은 털이 아니라 피부입니다. 주의해주세요. 다리가 가장 더러우므로 샴푸를 조금 뿌린 채 놔둡니다. 이 때, 항문주머니를 짜내면 좋습니다(짜는 방법은 동물병원에서 설명을 들으세요).

④ 머리 뒤쪽은 한 손으로 양쪽 귀, 또는 한쪽 귀씩 바깥쪽부터 씻습니다. 얼굴과 귀는 마지막에 씻고 눈에 샴푸가 들어가지 않도록 합니다.

⑤ 샴푸가 남지 않도록 충분히 헹구세요. 배 밑, 겨드랑이, 허벅지는 특히 샴푸가 남기 쉬운 곳입니다. 손으로 만져 축축함이 없도록 잘 헹구어 줍시다. 샴푸가 남아 있으면 피부병의 원인이 됩니다. 린스, 컨디셔너, 트리트먼트 등은 털이 긴 장모 종에게는 필수입니다. 단모종도 정전기 예방이 되기 때문에 특히 겨울에는 사용을 추천합니다. 다 씻기고 손을 떼면 개는 몸을 부르르 떨며 물을 튀깁니다. 몸을 털지 않을 때에는 귀에 살며시 입김을 불어 넣어 보세요. 몇 번 몸을 털고 충분히 수분을 날린 후 타월로 온 몸을 잘 닦아 주세요. 귀도 자신의 손가락이 닿는 범위를 타월로 닦습니다(면봉은 쓰지 말 것).

◥ 샴푸 중의 물 털기를 막기 위한 요령

- 얼굴, 특히 귀 주변에 물을 뿌리는 건 마지막으로 한다.
- 개의 몸에서 손을 떼지 않는다. 반드시 한쪽 손은 개에게 밀착시켜 놓는다.
- 개가 몸을 털려고 한다면 개의 허벅지에 손을 깊게 넣어서 한쪽다리를 가볍게 들어올린다.

◥ 드라이 하는 방법

목욕을 끝내면 몸털기를 시켜 타월에 흡수되도록 하고 남은 물기를 닦아냅니다. 그 뒤 핀 브러시로 빗으며 드라이어로 피부와 털을 완전히 말립니다. 테이블 위 등 조금 높은 곳에 올려두면 비교적 가만히 있습니다. 또, 흡수가 좋은 타월을 사용하면 헤어 드라이기 시간을 줄일 수 있습니다. 개가 겁먹지 않도록 드라이기는 미리 전원을 켜두고, 소리와 열기에 적응시킵니다. 드라이어는 20 cm 이상 떼어 놓고 사용하며, 가볍게 흔들며 말리면 뜨겁지 않습니다. 얼굴에 직접 바람이 닿지 않도록 합시다.

드라이기의 바람은 털의 흐름에 따라, 브러시는 털과 역행으로 해주세요(역풍은 털 갈라짐의 원인이 됩니다). 피부)을 완전히 말리는 것이 중요합니다.

발톱 깎기, 항문낭 짜기, 입마개

재미있게 가르쳐 갑시다.

발톱 깎기

흔히 "집에서는 발톱을 자르지 못하게 해요. 잘라 주세요"라며 개를 병원에 데리고 오는 주인이 있지만 가정에서 발톱 정도는 자를 수 있습니다. 어릴 때부터 발톱 깎기에 익숙해지게 합시다. 매일 발을 잡거나 꾹 쥐거나, 발가락을 1개씩 잡아당기기도 하고, 발끝에 손이 닿는 것이 괜찮다는 것을 가르쳐 줍니다. 한 번에 많이 자르기보다는 조금씩 여러 번에 나누어 잘라 주는 것이 두려움 없이 진행 되는 비결입니다. 매일 2개씩 자르는 것도 좋은 방법입니다. 발톱 깎이는 개전용의 것을 판매합니다. 길로틴 타입이 사용하기 쉽겠지요. 소형견이라면 사람용 것으로도 사용할 수 있습니다. 대형견은 산책 등으로 닳게 되지만 엄지발톱, 며느리발톱, 눈이 내리는 지방에서는 겨울철의 발톱 깎기를 잊지 않도록 합시다.

밝은 빛에 발톱을 비추면 혈관이 엷은 핑크 빛으로 보입니다. 이 혈관의 직전 2mm정도까지 자르세요. 검은 발톱의 경우는 혈관이 분명하지 않으므로, 동물병원에서 어디까지 잘라야 하는지 제대로 배우도록 합시다. 개가 발톱 깎기를 싫어하는 원인은 2가지입니다. 출혈할 정도로 발톱을 바싹 깎기, 다른 한 가지는 긴장한 주인이 발을 너무 꽉 잡는 것입니다. 만약 실수를 했다면 확실히 보상을 합시다(맛있는 상이 가장 좋습니다).

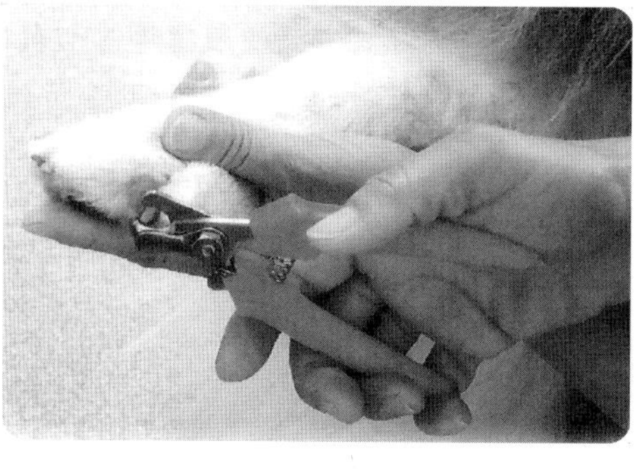

항문낭 짜기

항문낭은 항문의 4시와 8시 방향에 위치해 있는 분비샘입니다. 주머니 안에는 매우 역한 냄새 분비물이 쌓여 있습니다. 배변 시에 변과 함께 배출되지만, 변이 부드러운 개나 소형견은 자연스럽게 배출되지 않고 점점 쌓이게 됩니다. 분비물이 과하게 축적되면 염증이 일어나 본래의 개구부와 전혀 관계없는 장소에 누관을 만들어 피부를 찢고 배출하는 경우가 있습니다.

축적되기 쉬운 개는 정기적으로 짜 줘야 합니다. 항문낭을 짤 때는 약간의 요령이 필요합니다. 꼬리를 잘 보정하고 엄지와 집게손가락으로 밀어내며 짭니다. 동물병원에서 짜는 법을 배우세요. 매우 냄새가 심하므로 샴푸 때 체크를 하고 축적되어 있으면 꺼내 줍시다. 잘 되지 않을 때는 병원이나 미용실에 보낼 때 의뢰합시다.

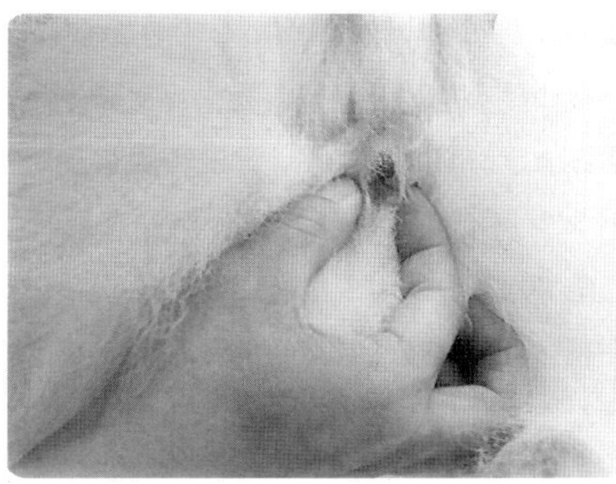

입마개

입마개라고 들으면 거북한 인상을 느낄지도 모르지만, 입마개는 개에게 있어 싫은 것은 아닙니다. 입마개를 하면 개는 진정 됩니다. 자기 전용 입마개를 준비하는 것을 추천합니다. 발톱 깎기나 항문낭을 짤 때도 도움이 되고, 동물병원에서 간호사에게 강력하게 보정되는 무서운 경험을 하지 않아도 됩니다. 개에게는 주사의 아픔보다 빈틈없이 누르고 있는 간호사가 더 무섭습니다. 개에게 맞는 크기의 바스켓 머즐을 준비하고, 입마개를 하면 포상을 재갈의 옆 부분으로 넣어줍니다. 여러 상황에서 입마개는 매우 도움이 될 것입니다. 트레이닝 방법은 동물병원에 문의해 주십시오.

산책과 운동

먹이 다음으로, 아니 먹이보다도 개에게
중요한 이벤트입니다.

개 산책에 대해 생각해 봅시다. 개는 원래 낯선 장소에 가면 긴장하고 조용해지거나 반대로 흥분하곤 합니다. 자기에게 낯익은 장소는 주인과 함께 사는 집이며, 그것이 그들의 좁은 의미의 '영역'을 뜻합니다. 산책 코스는 개의 행동권에 포함되어, 거기서 다른 개를 만나거나 냄새의 흔적을 맡거나 해서 개 사회의 친분을 쌓습니다. 산책 코스는 넓은 의미에서 공통의 '영역'입니다.

산책은 개에게 식사와 같이 중요한 삶의 보장입니다. 그 기회를 줄이면 자극이 없는 생활을 보내게 되어 표정이 부족하고, 소심한 개가 되어 버립니다. 또 사소한 자극으로 흥분하는 개가 되는 경우도 많습니다. 산책은 단지 개의 욕구 불만을 해소하기 위해서만 하는 것이 아니라 그들이 본래 가지고 있는 탐색력과 호기심을 길러, 건강한 생활을 보내기 위해서도 필요합니다.

산책과 운동에 대해

산책의 목적은 주인과 즐겁게 여러 장소의 냄새를 맡으면서 자극을 받으며 걷는 것입니다. 소형견이라면 주인이 걷는 속도로도 산책과 운동을 겸할 수 있습니다.

중·대형견은 강아지 때에는 목줄을 하고 걷거나 달리는 산책만으로도 충분합니다만, 6개월령부터는 본격적인 운동이 필요하게 됩니다. 운동은 육체 면의 효과는 물론 운동으로 끊임없이 새로운 자극을 더하여 두뇌 발달을 촉구해 준다는 효과도 있습니다.

운동은 산책과 다릅니다. 조깅이나 빠른 걸음으로 움직이고, 냄새를 맡거나 배설 할 시간을 주지 않습니다. 처음에는 개가 앞서 가기 좋아하고, 옆길로 새거나, 멈춰 서 있거나, 잘 안 갈 때가 많다고 하는데 강아지에게 맞추다 보면 주인의 페이스대로 진행될 수 없습니다.

중대형견의 힘이 강해 개의 통제가 잘 안 될 경우에는 할티(halti), 젠틀리더 등의 상품명으로 판매되고 있는 헤드 칼라나 이지워크 하네스 등 하네스를 사용하는 것을 추천합니다. 동물병원과 의논합시다. 운동을 시키고 있을 때 낯선 사람이나 개 짖는 곳을 지나칠 경우, 지나가기 전에 '앉아서 기다려'를 명령하여 낯선 사람이나 개를 무시하는 훈련이 효과가 있습니다. 다른 개를 보면 가까이 다가가서 놀기 좋아하는 개가 좋은 개라고는 할 수 없습니다. 강아지일 때 자유롭게 다니게 하면, 성견이 되어서도 그 행동이 계속되어 버립니다. 산책이나 운동 중에는 다른 개를 무시하고 계속 걸어갈 수 있도록 연습합시다.

1년령을 지났을 무렵부터는 자전거로 끄는 운동도 좋습니다. 요구하는 운동량도 늘고, 훈련도 진행되고 있는 것이기 때문에(사람과 걷는 운동에서 계속되기 때문에), 원만하게 이행됩니다(성장기에 자전거 운동을 하면 관절에 부담이 됩니다. 1년령이 되기 전까지는 하지 말아주세요).

운동에는 공잡기나 프리스비가 포함됩니다. 이것들은 개도 좋아하고, 주인도 즐거우므로 같이하면 좋겠지요. 공잡기나 프리스비에 관심을 갖는 것부터 시작하겠습니다. 처음에는 실내나 마당에서 연습시키고 이윽고 공원이나 개 운동장 등의 넓고 안전한 장소에서 놀도록 합시다. 공원에서는 반드시 긴 목줄을 하세요. 어린아이가 놀고 있을 때는 개가 아무리 훈련되었다고 하더라도 반드시 피하세요. 개는 집중하면 흥분해 버립니다. 대형견의 경우에는 성견이 될 때까지는 넓은 곳에서 자유 운동(프리스비나 공잡기가 아닌 내달리는 운동 등)이 바람직합니다. 근처에서 개 운동장 정보를 손에 넣읍시다.

여름철 땡볕이나 아직 더위가 남아 있는 저녁의 운동은 피해주세요. 햇볕에 뜨거워진 아스팔트 도로는 개에게 크나큰 고통이 됩니다. 땅을 만져, 온도를 확인하면 좋을 것입니다. 비 오는 날에 산책을 할 때는 산책에서 돌아오면 수건으로 몸의 물기를 잘 닦아내는 것이 중요합니다. 이를 게을리 하면 감기에 걸리거나 피부병이 되곤 합니다. 장모종은 '비옷'을 이용하면 좋을 것입니다. 또 눈이 내리면 장모종에서는 눈결정이 발·배 밑 등에 생겨 버립니다. 억지로 떼지 않고 온수 샤워로 흘려보내는 것이 가장 빠릅니다. 추위를 타는 개는 부츠, 코트가 필요합니다. 발 덮개도 이용하면 편리합니다.

헤드 칼라 (사진제공: 도쿄펫 주식회사)

매너에 대해

산책이나 운동을 할 때의 매너로서 배설물 처리는 중요합니다. 배설하는 장소에도 신경을 쓸 필요가 있습니다. 공공시설을 포함한 건물, 집의 대문, 정원, 공원 잔디, 전신주 등에는 배뇨·배설 하지 않게 합시다. 변은 가져오고 소변 후에는 물을 흘려보내두는 배려가 필요합니다. 또한 암컷은 발정기일 때는 데리고 나가지 않는 것도 중요한 예의입니다.

건강 체크

주인만 할 수 있는 아주 중요한 역할입니다.

외모 체크

집에서 개와 함께 살고 있다면 체중의 증감에 대해 둔감할 수 있습니다. 6개월령까지는 2주일에 한 번, 그 후에도 한 달에 한 번씩 몸무게를 측정하는 습관을 들이세요. 대형견은 3살, 소형견은 10개월 정도에 성장이 완전히 멈추므로 동물병원에서 적정 체중을 묻고, 매월 체중의 변동을 5 % 이내로 통제하도록 합시다. 이전의 체중을 잊지 않도록 체중 기록 노트를 만들면 좋을 것입니다.

야윈 경우에는 영양 부족(식이량의 부족) 외에 당뇨병, 신장병, 내분비 질환, 종양 등의 병이 잠재되어 있는 것으로 생각됩니다. 또 체중이 증가한 경우는 과식이 대부분입니다. 어느 쪽이든 체중의 증감이 현저할 때는 동물병원에서 진찰을 받는 것이 좋습니다.

몸을 구석구석 더듬어 응어리, 상처, 통증이 있는 곳이 없는지 확인합시다.

탈모는 기생충, 호르몬 이상, 급성 습진, 알레르기성 피부염, 신경성 지성피부염 등 여러 가지 원인을 생각할 수 있습니다. 수의사의 진단·치료가 필요합니다.

냄새 체크

개 냄새의 원인에는 귀나 입냄새, 그리고 피부병이 주를 이룹니다.

귀지가 쌓여 있거나, 귀를 자주 긁고 소리에 대한 반응이 둔해지는 등의 행동을 보인다면 외이염이 의심됩니다. 세균, 진균, 귀진드기 등이 원인입니다. 외이염이 진행되어 내이염을 일으키면 개는 머리를 숙이고 빙글빙글 돌 때가 있습니다. 외이염을 방치하면 귓속에 종기가 생길 수 있으니 조기 치료가 중요합니다. 귀가 긴 개는 정기적(일주일에 한 번)으로 귀를 청소해 주세요(동물병원에서 지도를 받으세요).

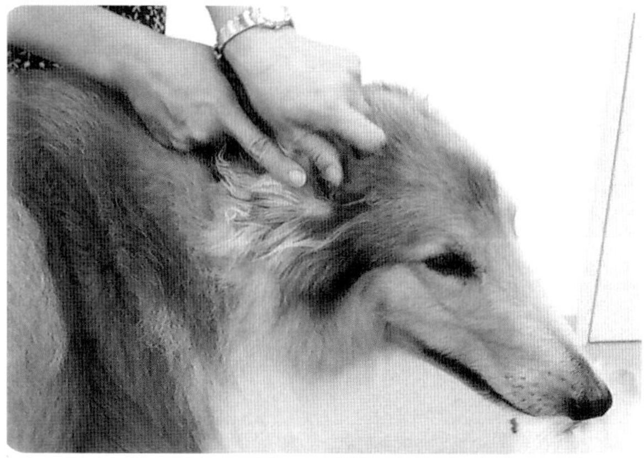

입 냄새가 심하고, 침이 많이 나오는 등의 증상에도 주의합시다. 치석이 쌓여 있으면 입 냄새가 날 뿐 아니라 내버려 두면 치주염, 잇몸염, 치조 농루, 치조 골막염 등을 일으켜 심장병이나 신장병의 원인도 됩니다.

정기적(매년)으로 체크하고, 필요하면 수의사에게 의뢰하여 치석을 제거해 보세요. 치약 사용을 습관화합시다. 최근에는 개전용 튜브 치약이나 치약 효과가 있는 껌 등도 있습니다. 강아지 때부터 치약의 맛과 입안을 만지는 것에 익숙하게 해 둡시다.

온몸에서 악취가 난다면 피부병(지루성 피부염, 급성 습진)이 고려됩니다. 털을 세심하게 갈라 피부의 상태를 관찰하세요.

대변과 소변을 체크

대변이나 소변은 개의 컨디션을 알기 위한 좋은 지표입니다. 평상시 변이나 소변의 시간, 횟수나 양을 알아 두는 것이 중요합니다. 암캐는 발정기나 임신 시에는 배뇨의 횟수가 많아집니다. 발정 암캐가 곁에 있으면 수캐는 영역표시의 횟수가 늘어납니다. 소변이나 대변의 냄새나 색깔에도 주의하세요. 설사, 무른 대변의 주 원인은 식사량의 과다, 평상시와 다른 것이나 소화가 잘 되지 않는 것을 먹는 것 등 입니다. 너무 많이 먹거나 소화 불량의 경우 하루 절식하면 대개의 경우는 낫습니다. 식사량을 조절해도 나아지지 않을 때는 소화관내 기생충, 소화기계 장애, 음식 알레르기, 스트레스 등이 고려됩니다. 검은 변을 본다면 상부 소화기(위, 십이지장 등)의 출혈, 흰 변의 경우는 이자 질환의 가능성이 있습니다. 오히려 변비는 식이량의 부족이나 운동 부족이 원인인 경우가 많습니다. 그 외에는 종양이나 전립선 비대 등으로 인한 변의 통과 장애도 있습니다.

소변 이상도 중요한 신호입니다. 소변을 누는데 소변이 나오지 않는다(방광염, 요폐색, 전립선 비대 등), 소변 색깔이 빨갛다(방광염, 심장사상충증, 방광 결석, 용혈성 빈혈 등), 희고 탁하다(전립샘 비대, 신장 질환 등)등의 증상이 보이면 즉각 수의사와 의논합시다.

행동 체크

산책 때의 걸음걸이나 식욕, 기운이 있는지 등, 개의 평소 행동도 잘 관찰하세요. 평소와 다른 행동이 보이면, 꼼꼼히 따져 수의사와 의논합시다.

대형견에서는 고관절, 소형견에서는 무릎 관절에 선천적인 문제가 있는 개가 많고, 보행 이상을 보일 수 있습니다. 1년령이 되어 백신을 접종할 때 수의사에게 물으십시오.

수의사에게 가는 방법

소중한 가족의 일원인 개를 믿을만한 수의사에게 진찰을 받는 것은 당연합니다. 강아지 때부터 주치의(가능하다면, 집에 가까운 곳으로)를 갖는 것을 추천합니다. 개도 옛날부터 낯익은 선생님이라면 안심할 수 있고, 개의 성질을 잘 알고 체질이나 지금까지 걸린 병들을 파악하고 있는 선생님이라면, 진단이나 치료 방침이 보다 적절할 수 있습니다. 퍼피클래스를 그 동물병원에서 열고 있다면, 참가하는 것을 추천합니다.

신뢰할 수 있는 동물병원이라면 개의 일생 동안 질병 뿐만 아니라 다양한 문제에 부딪혔을 때도 적절한 대응을 해 줍니다. 필요에 따라 대학 병원과 그 병에 능숙한 수의사를 소개해 주는 병원이 좋습니다. "선생님은 저희가 원한다면 다른 병원에 소개장을 써 주실 수 있으세요?", "다른 수의사의 의견을 어떻게 생각하십니까?"등 부담 없이 물어봅시다.

치료비는 병원마다 격차가 있습니다. 비싼 기기를 갖춘 병원에서는 진료비가 다른 병원과 비교해 높아지는 것은 당연합니다. 양심적인 동물병원이란 가격이 아니라 진료 내용에 따른 치료비를 설정하고 있는 곳이라고 생각합니다.

검사 결과 진단, 치료 내용·방법·효과, 예후, 비용, 귀가 후 주의점을 주인에게 확실히 설명하는 데 힘쓰고 있다면 믿을 수 있습니다. 모르는 것이 있으면 자주 찾아 갑시다. 주인이 질문과 설명을 요구하면 수의사가 싫어한다고 생각하기 쉽지만 그렇지 않습니다. 수의사도 주인이 병이나 치료를 이해해 주길 바라고 있기 때문입니다.

동물병원에는 적어도, 혼합 백신, 광견병 백신 추가 접종, 심장사상충 예방약 구입 등을 위해 1년에 몇 차례는 방문하게 됩니다. 이때를 이용해서 1년에 1회, 건강 진단 겸 혈액검사(혈구 혈액 생화학 검사)를 의뢰해서 개의 정상치를 알아 두면 만일의 경우 도움이 됩니다(별도로 요금이 청구됩니다).

백신 주사, 심장사상충 예방약은 개에게는 아픈 것도 아니고, 건강할 때 병원에 가는 것이기 때문에 부담이 거의 없습니다. 진료가 끝나면 가져온 특별 간식을 수의사에게 건네 개에게 포상으로 줍시다. 개가 수의사를 싫어하게 되는 것은 수의사가 개에게 나쁜 일만 하기 때문입니다. 개가 병원(수의사)을 싫어하지 않게 하기 위해서도 '싫은 것을 조금만 참으면 기쁜 일이 있어'라는 것을 개에게 가르쳐 줍시다.

상태가 나쁠 때나 다쳤을 때에는 가급적 빨리 진찰하는 것을 추천합니다. 어디가 언제부터 어떠한지, 그 증상은 심해지고 있는지, 좋아지고 있는지, 짖이는 원인은 무엇인지, 식욕, 음수량, 변, 소변에는 이상이 없는지 등을 알기 쉽게 적어서 가져가면 좋을 것입니다.

그동안 개의 문제행동을 처벌로써 고치려 해온 온 당신에게

문제행동을 처벌로써 고치는 것은 너무 어려운 일입니다. 처벌을 이용했기 때문에 문제행동이 더 심해졌다는 보고가 많습니다. 특히 공격행동은 심해집니다. 그 외에도 공포증, 불안증, 상동장애 등 많은 문제행동이 이에 해당됩니다. 당신의 개의 문제행동은 처벌을 이용했기 때문에 심해졌는지도 모릅니다. 인터넷의 낡은 정보나 비과학적인 정보에 현혹되면 안 됩니다.

여기서 처벌이란, 이하의 것이 포함됩니다.

- 소리치며 꾸짖기
- 체벌을 주는 것(때리거나 발로 차는 등)
- 뒤집어서 배를 눌러 무저항을 강제로 시키는 것
- 항복할 때까지 주둥이를 단단히 잡는 것
- 초크 체인, 핀치 칼라, 전기 쇼크 칼라의 사용

오늘부터 당신은 이 모든 처벌을 사용해서는 안 됩니다.

개가 문제행동을 일으키지 않기 위한 방법을 생각해 주세요. 즉, 꾸짖지 않아도 되는 상황을 만드는데 전념하세요. 물론, 그래도 문제행동이 일어날 수도 있습니다. 그럴 때, 당신이 해도 좋은 유일한 형벌은 '무시'입니다. 그 자리를 떠나는 것, 단지 그것 뿐입니다. 그것은 처벌을 줌으로써 문제행동이 지금보다 더 심하게 되는 것을 피하기 때문이며, 적절하게 처벌을 주는 것은 너무 어렵기 때문입니다.

처벌은 이렇게 어려워!

(미국 수의 동물 행동학 연구회 선언에서 발췌)

① 개에게 '그 행동은 안 된다'라고 이해시키려면, 문제가 되는 행동이 일어나고 1초 이내, 적어도 다른 행동(당신을 보며 앞발을 한발 내딛는 등 모든 행동)을 개가 취하기 전에 할 필요가 있습니다. 늦으면 개에게 처벌의 이유를 전할 수 없습니다. 즉, 학대가 되어 버립니다. 당신은 항상 1초 이내에 처벌할 수 있습니까?

② 게다가, 늦게 처벌을 받으면 공격하거나, 이미 공격을 하고 있다면 악화될 수도 있습니다. 이것은 처벌을 피하기 위한 개의 선제공격입니다. 당신은 항상 1초 이내에 처벌할 수 있습니까?

③ 처벌은 그 행동을 금방 그만두게 하는 힘이 필요합니다. 주저하지 않고, ④에 써진 것처럼 개를 다치지 않게 하는 것 입니다. 제한 처벌부터 시작해 조금씩 처벌을 강하게 주는 주인이 있지만 이에 의해 개는 처벌에 익숙해져 갑니다. 그 결과, '효과적인 처벌=동물학대로 이어지는 강한 처벌'이 되어 버립니다. 당신은 올바른 힘, 올바른 방법으로 개를 처벌할 수 있습니까?

④ 처벌 방법이 부적합하면 질병이나 상처의 원인이 됩니다. 예를 들어 예로부터 이용되어 왔던 개목을 잡아당겨 일시적 초크(한꺼번에 죄다가 곧 해방되는 것)라는 처벌을 생각해 봅시다. 피부·기관의 상해, 신경 장애로 인한 호너 증후군, 치사성 폐수종, 녹내장의 악화를 초래할 가능성이 있습니다. 당신은 올바른 힘, 올바른 방법으로 개를 처벌할 수 있습니까?

⑤ 문제행동을 처벌하다가 처벌하지 못하게 되었을 때 문제행동은 더 심해집니다. 항상 꾸중 받던 개에게 꾸중을 듣지 않는 것은 상이 됩니다. 다음은 처벌 받지 않을지도 모른다(포상을 받을 수도 있는 것)라는 심리가 작용하면서 문제행동이 복잡화됩니다. 당신은 개가 문제행동을 일으킬 때마다 처벌할 수 있습니까?

⑥ 또 문제행동을 처벌하거나 처벌하지 않거나 하면 주인과의 관계가 망가질 수도 있습니다. 왜냐하면 개는 주인의 행동을 예측할 수 없기 때문에 혼란스럽고 불안하게 되니까요. 당신은 개가 문제행동을 일으킬 때마다 처벌할 수 있습니까?

⑦ 원래 겁이 많은 개는 처벌되는 것 자체에 강한 공포심을 갖습니다. 이런 개는 처벌했을 때 주위의 소리와 사람에 대해서도 공포심을 갖고 겁먹은 개가 되어 버립

니다. 당신을 무서워하게 될지도 모릅니다. 당신의 개는 겁이 많지 않나요?

⑧ 처벌을 이용해 공포공격을 억제하면 이빨을 드러내고, 으르렁 대는 등 심하게 물려고 합니다. 이것은 처벌 받는 것이 싫어서 참고 참다가 더 이상 참을 수 없을 정도로 공포가 쌓였을 때, 폭발적으로 공격하기 때문입니다. 당신의 개가 안고 있는 문제는 공포가 관여하고 있는 공격행동이 아닙니까?

정리하자면, 문제행동을 완화하기 위한 처벌의 사용 방법은 문제행동이 불거질 때마다 매번 꼭 1초 이내에 적절한 강도의 올바른 방법으로 개를 다치지 않게 처벌하는 것입니다. 또 겁이 많은 개와 공포공격을 일으키고 있는 개에게는 절대 처벌해서는 안됩니다. 이래도 또 벌을 주시겠습니까?

훈련의 기본

동물에게 행동을 가르치는 인도적이고 효과적인 방법입니다
"앉아, 엎드려, 따라와, 이리와" 등 모든 것에 응용해 주세요.

교육법

① 먹이로 유도하고 올바른 행동을 가르칩니다. 올바른 행동을 하자마자 말로 칭찬하고, 유도에 사용한 먹이를 바로 줍니다(명령은 하지 않습니다).

② 자연스럽게 그 행동을 동물이 잘 하게 되면(자신이 잘 유도할 수 있게 되면), 그 행동을 의미하는 명령(예를 들어 '앉아')을 유도 전에 명령합니다. 개가 올바른 행동을 취하면 말로 칭찬하고, 유도에 사용한 먹이를 반드시 줍니다.

③ 유도하는 손과 반대편 손의 양쪽에 먹이를 갖고, 개가 올바른 행동을 취하면 포상은 유도에 사용하지 않은 반대편 손에서 꺼내 바로 주는 것을 반복합니다.

④ 먹이를 가지지 않는 손으로 유도해, 개가 올바른 행동을 취하면 반대의 손에서 먹이를 바로 줍니다.

⑤ 유도하는 손을 서서히 줄이고, 말로만 명령하여 개가 올바른 행동을 하면 먹이를 바로 줍니다.

⑥ 먹이를 주는 빈도를 서서히 줄여갑니다.

훈련 장소

① 실내: 집(거실, 식료품실, 부엌, 복도, 현관), 친척집, 친구집

② 옥외: 집 근처 공원, 모르는 장소, 역 앞, 동물병원 등

③ 조건을 바꾼다: 조용한 시간대, 시끄러운 시간대, 개가 없는 시간대, 개가 있는 시간대 등 훈련 장소는 점차 어렵게 합니다. 새로운 장소에서 할 때에는 처음부터 가르친다는 생각으로 훈련을 시작해주세요 물론 진행과정은 매우 빠릅니다.

훈련의 포인트

① 명령은 1번만(유도를 제대로 시키는 것)

② 바른 행동을 취하면 당장(1초 이내) 말이나 간식을 이용해 칭찬하는 것

③ 다른 행동을 했을 때에는 다른 것을 명령하는 말을 하고, 10초 정도 무시하는 것

④ 1회당 10분 정도, 질릴 때까지는 하지 않기

⑤ 즐겁게 하는 것

⑥ 한번 된다고 해서 개는 기억하지 않으므로, 자주 명령을 내리고 학습 내용의 정착을 도모하는 것

행동치료질문표(개)

본원을 이용해주셔서 감사합니다. 의뢰하셨던 개들의 진단, 치료법의 결정을 위해 상세한 정보가 필요합니다. 이 질문 표는 합계 13페이지로 구성되어 있습니다. 주인 스스로 답하시고 당일 지참해 주시기 바랍니다. 또, 작성하는 도중 의문이 생긴 경우에는 부담 없이 전화로 문의해 주십시오.

보호자 이름 ______________________________

전화 (낮) ______________________ (밤) ______________________

FAX ______________ E-mail ________ @ ________

- 지금까지 개를 기른 적이 있습니까? [ ]있다 [ ]없다
- 개를 기르려고 결정한 이유는 무엇입니까?

____

- 이 견종을 고른 이유는 무엇입니까?

____

개의 이름 ______________ 견종 ______________

현재 나이 (년 개월) 기르기 시작할 때의 개 나이 (년 개월)

체중 (kg) 털색 ( )

성별 [ ]암 [ ]수 [ ]암(중성화 후) [ ]수(중성화 후)

- 당신의 개가 중성화 수술을 한 경우, 언제 수술을 하였습니까? (년 개월)

1. 수술이유를 적어주세요

____

2. 수술 후 개의 행동변화가 있다면 적어주세요

____

- 현재, 다른 병원에서 치료중인 병명(약물 투여 중이라면 약의 이름도)이 있다면 적어주세요

____

Q1 개의 행동상 문제에 대해 여쭙겠습니다.

- 상담하고 싶은 행동상 문제(이하 문제행동이라 부르겠습니다)에 대해서, 구체적으로 적어주십시오 (고민 중인 내용을 한 가지만, 가장 심각한 문제행동에 대해서 적어주세요)

____

- 한번 일어난 문제행동의 지속시간은 어느 정도입니까?

____

- 얼마나 자주 그 문제행동이 일어납니까? 하루 5회, 주 3회, 년 4회 정도로 구체적으로 적어 주십시오

____

- 처음으로 그 문제행동을 보인 것은 언제입니까?

____

- 언제부터 그 문제행동을 고쳐야겠다고 인식했습니까?

____

- 문제행동이 시작 되고나서 지금까지 보이는 빈도, 심한정도, 지속되는 시간, 문제행동의 내용 등에 대한 변화는 없습니까?

____

- 문제행동의 계기가 된다고 생각되는 것이 있다면 적어주십시오

____

- 그 문제행동을 고치기 위해, 당신이 시험해본 것이 있다면 어느 정도의 기간, 무엇을 했는지 구체적으로 적어주세요. 또 그것은 문제행동개선에 도움이 되었습니까?

____

Q2 당신의 개의 이력에 대해 여쭙겠습니다.

- 당신의 개는 어디서부터 받게 되었습니까?

  [ ]브리더 [ ]펫숍 [ ]친구, 지인

  [ ]동물관리센터 [ ]그 외

- 당신의 개의 부모, 동복자, 형제자매를 본 적이 있습니까?

  [ ]있다 [ ]없다

- 개를 받았을 때 무언가 문제행동을 갖고 있었다던지, 형제의 수가 몇 마리였는지를 만약 알고 있다면, 상세하게 적어주십시오

  ____

- 당신의 개가 암컷이며 중성화를 하지 않았을 경우에만 답해주십시오

  1. 지금까지 출산 경험이 있습니까?

     [ ]있다 (회/최종분만: 년 월) [ ]없다

  2. 발정은 정기적으로 일어납니까?

     [ ]규칙적으로 일어난다 [ ]불규칙적으로 일어난다

  3. 가장 최근의 발정은 언제쯤 일어났습니까?

     (년 월 정도)

- 당신의 개가 수컷이며 중성화 수술을 하지 않은 경우에만 답해주십시오

  1. 지금까지 교배시킨 경험이 있습니까?

     [ ]있다 (회/최종교배: 년 월) [ ]없다

  2. 중성화 수술에 대해 생각한 적이 있습니까?

     [ ]있다 [ ]없다

     [있다]라고 대답하신 분께 여쭙겠습니다.

     왜 수술을 하지 않았는지 그 이유를 적어주십시오

     ____

Q3 당신의 개의 일상생활과 생활환경에 대해 여쭙겠습니다.

- 당신의 개의 전형적인 하루생활에 대해 적어주세요. 몇 시에 일어나서, 어디서 지내는지 (집안에서 24시간, 옥외 케이지에서 10시간과 현관에서 14시간 등) 어디서 자는지 까지 구체적으로 적어주십시오 (케이지의 크기, 줄의 길이까지 기입해주십시오)

____

- 당신의 생활환경에 대해 여쭙겠습니다

1. 당신이 살고 있는 곳은 어떤 곳에 속합니까?

[ ] 도심 [ ] 교외

2. 주거타입은 어떤 곳에 속합니까

[ ] 단독주택 [ ] 아파트 [ ] 오피스텔

[ ] 그 외 ( )

3. 당신의 개를 집안의 어느 장소까지 허락하고 있습니까?

____

4. 옥외에 개를 놀게 하는 장소 등이 있습니까?

[ ] 있다 [ ] 없다

5. 개를 기르기 시작한 후에 이사한 적이 있었습니까?

[ ] 네 (회) [ ] 아니오

- 당신의 개를 집안에서 기르는 경우 대답해 주십시오

1. 개전용의 침대가 있습니까?

[ ] 있다 [ ] 없다

2. 개가 들어가는 케이지가 있습니까?

[ ] 있다 [ ] 없다

3. 개가 들어가는 것을 허락하지 않는 방이 있습니까?

[ ] 있다 [ ] 없다

[있다]라고 대답한 분에게 여쭙겠습니다. 어떤 사용목적의 방인지, 또 방의 개수를 적어주십시오

____

● 당신의 개와 함께 생활하고 있는 가족에 대해 여쭙겠습니다

1. 당신을 포함한 가족 전부의 성별, 연령, 당신과의 관계 (아버지, 어머니, 자녀 등), 또 직업이나 학교 등으로 집을 비우는 시간(평일의 평균)을 아래에 적어주십시오

관계	성별	연령	집을 비우는 시간
〈예〉 할아버지	남자	68	8:00~15:00

2. 당신의 개와 가족의 관계에 대해 적어주십시오 (할아버지를 가장 따른다, 아이의 옆에 가기 싫어한다 등)

● 당신의 개와 함께 생활하고 있는 다른 동물에 대해 여쭙겠습니다

1. 현재, 함께 생활하고 있는 다른 동물종, 품종, 성별, 중성화 수술의 여부, 전입시 연령, 현재 연령 등 아래에 적어주십시오

동물종	품종	성별	중성화 수술	전입시 연령	현재 연령
〈예〉 개	잡종	수컷	함	3개월	10살

2. 당신의 개와 함께 지내고 있는 다른 동물과의 관계에 대해 적어주십시오 (평상시에는 서로 무시하고 있다, 자주 함께 논다, 무서워하고 있다 등)

● 당신의 개에게 급여하고 있는 먹이나 간식에 대해 여쭙겠습니다

1. 주로 어떤 종류의 먹이를 주고 있습니까? 사료의 경우 사료의 이름, 드라이캔 등, 수제의 경우는 재료 등을 적어주십시오

2. 하루에 어느 정도 먹습니까?

3. 언제, 어디에서, 누가 먹이를 줍니까?

4. 주로 어떤 종류의 간식을 줍니까?

5. 하루 평균 몇 번 정도 간식을 줍니까?

6. 언제, 어디서, 누가 간식을 줍니까?

● 하루의 운동에 대해, 어떤 운동을 누구와, 어느 정도로 하고 있는지 아래에 적어주십시오

종류	목적	누구와	시간	빈도
〈예〉 목줄을 차고 걷는다	산책	아버지	30분 정도	하루에 2회

● 당신의 개는 다른 개와 어울립니까?

Q4 당신의 개의 훈련정도와 행동에 대해 여쭙겠습니다.

- 일상적인 생활 장소에서 '앉아', '손', '기다려(30초 이상)', '이리와'를 각각 5회 명령해 보십시오. 당신의 개는 어느 정도 복종합니까? 가족 구성원 각각 아래에 답해주십시오. 다만, 한 번의 명령에 복종한 수를 적어주십시오.

가족 구성원	앉아	손	기다려	이리와
〈예〉 엄마	3/5	0/5	1/5	4/5

- 개가 명령에 복종하지 않을 때는 언제입니까? 다른 개가 있을 때나 손님이 있을 때 등, 구체적으로 적어주십시오.

____

- 쓰다듬고 있을 때 맘대로 피하거나 낮은 소리로 으르렁댄 적이 있습니까?

[　　] 있다　　　[　　] 없다

[있다]라고 답하신 분께 여쭙겠습니다. 얼마나 자주 일어나는지, 또 그것은 어떨 때인지 구체적으로 적어주십시오.

____

- 짖는 것을 그만 두게 명령을 해도 계속 짖을 때가 있습니까?

[　　] 있다　　　[　　] 없다

[있다]라고 답하신 분께 여쭙겠습니다. 얼마나 자주 일어나는지, 또 그것은 어떨 때인지 구체적으로 적어주십시오.

____

- 큰 소리나 큰 목소리에 대해 당신의 개는 어떤 행동을 보입니까?

____

- 당신의 개는 혼잡한 곳을 걷는 것에 능숙합니까?

[　　] 무서워한다　[　　] 잘 걷는다

- 산책 도중에 아는 사람이 지나갈 때, 당신의 개는 어떤 행동을 보입니까?

- 산책 도중에 다른 개가 지내갈 때, 당신의 개는 어떤 행동을 보입니까?

- 당신의 개가 무서워하는 것은 있습니까?

[ ] 뇌우 [ ] 불꽃 [ ] 자동차 [ ] 자전거
[ ] 그 외 ( )

- 당신의 개가 쫓아가는 것이 있습니까?

[ ] 달리고 있는 어린이 [ ] 달리고 있는 어른 [ ] 자전거
[ ] 고양이나 토끼 등 [ ] 자동차
[ ] 그 외 ( )

- 집안에서 화장실로 지정한 장소 외에 배설하는 경우가 있습니까?

[ ] 있다 [ ] 없다
[있다]라고 대답한 분께 여쭙겠습니다. 어떤 정도의 빈도로 일어나는지 적어주십시오.

- 동물병원에서 검사나 치료를 받은 경우, 당신의 개는 어떻게 행동합니까?

- 가족 구성원에게 마운팅(뒷다리로 일어서서 양팔을 사람의 몸에 감고 허리를 흔드는 행동)을 합니까?

[ ] 한다 [ ] 안한다
[한다]라고 대답하신 분께 여쭙겠습니다. 얼마나 자주 일어나는지 적어주십시오

- 당신의 개는 당신의 얼굴이나 입 등을 핥을 때가 있습니까?

[ ] 있다 [ ] 없다
[있다]라고 대답하신 분께 여쭙겠습니다. 얼마나 자주 일어나는지 적어주십시오

- 당신의 개는 무릎위로 허락 없이 뛰어드는 경우가 있습니까?

[ ] 있다 [ ] 없다
[있다]라고 대답하신 분께 여쭙겠습니다. 얼마나 자주 일어나는지 적어주십시오

- 당신의 개는 '손'을 합니까?

[ ] 한다 [ ] 안한다

Q5 당신의 개가 가족에 대해 '으르렁 대기', '이빨을 드러냄', '문다' 등의 공격행동을 취한 적이 있는 경우에만 여쭙겠습니다. 가족 중에서 가장 개로부터 공격행동을 받고 있는 사람이, 아래 표의 행동을 10번 했을 때 3회 이상 당신의 개가 보이는 행동에 체크 표시 해주십시오.

	으르렁 대다	이빨을 드러내다	문다	반응없다	모르겠다
개가 밥을 먹고 있을 때 그 밥에 손을 댄다					
개가 밥을 먹고 있을 때 옆을 지나간다					
개가 밥을 먹고 있을 때 밥을 더 보충해 준다					
껌, 쟈키 등 개가 좋아하는 먹을 것을 뺏는다					
개가 좋아하는 음식을 먹고 있을 때 옆을 지나간다					
개가 좋아하는 음식을 먹고 있을 때 그 음식을 만진다					
훔친 것(먹을 것, 양말 등)을 뺏는다					
자고 있는 개를 천천히 깨운다					
자고 있는 개를 건드린다					
개의 진로를 방해한다					
개를 안아 올린다					
개를 지나치게 쓰다듬는다					
개에게 안약, 귀약, 내복약을 준다					
개의 얼굴이나 입 주변을 만진다					
개의 발을 순서대로 잡고 가볍게 들어올린다					
발톱을 깎는다					
털을 빗는다					
몸을 닦고, 목욕을 한다					
목걸이를 채우거나 푼다					
목걸이 혹은 목덜미를 잡고 개를 끈다					
목걸이를 잡은 채 개를 누른다					
입을 다물게 쥐고 가만히 있는다					
개를 30초간 응시한다					
큰소리로 개에게 고함친다					
개를 때리는 척 한다					
개를 때린다					
개의 케이지 옆을 걷는다					
침대, 소파 위에 있는 개의 옆을 지나간다					
침대, 소파 위에 있는 개를 강제로 밀어낸다					
명령을 해 따르게 한다					

Q6 당신의 개가 사람에게 공격행동을 보였을 때에만 답해주십시오.

- 당신의 개의 눈이 멍하니 있다고 느낀 적이 있습니까?

[ ] 있다 [ ] 없다

- 당신의 개가 양면성이 있다고 느낀 적이 있습니까?

[ ] 있다 [ ] 없다

- 당신의 개는 진정하지 못하고 계속 움직인다고 생각하십니까?

[ ] 그렇다 [ ] 그렇지 않다

- 당신의 개의 공격행동에 적합한 것을 아래에서 선택해주십시오.

[ ] 공격은 갑자기 일어나, 언제나 놀란다
[ ] 공격이 합당한 이유가 없을 때 일어난다
[ ] 공격 후, 개는 순해진다
[ ] 공격 후, 개는 미안해하는 것처럼 보인다
[ ] 공격 후, 개는 분별을 잃은 듯한 행동을 한다
[ ] 공격행동 때, 개는 얼빠진 표정을 짓는 것처럼 보인다
[ ] 공격의 계기를 특정 지을 수 있다
[ ] 공격행동을 최근부터 시작했기 때문에 잘 모르겠다

- 당신의 개는 지금까지 사람을 문 적이 있습니까?

[ ] 있다 [ ] 없다

[있다]라고 대답하신 분께 여쭙겠습니다. 지금까지 물린 상처 중 가장 심한 것은 누구를, 어디에서, 어느 정도입니까?

1. [ ] 남성 [ ] 여성

2. 연령 (세)

3. [ ] 가족 [ ] 아는 사람 [ ] 모르는 사람
[ ] 수의사 [ ] 그 외

4. 물린 부위 (   )

5. 그 상처의 정도에 대해 아래에서 선택해 주십시오

[ ] 출혈은 없었다

[ ] 출혈은 있었지만 봉합 할 정도는 아니다

[ ] 출혈이 있었고, 봉합 할 정도는 아니지만, 병원에서 치료를 받았다

[ ] 출혈이 있었고, 병원에서 상처를 봉합했다 (보통은 병원에 갈 정도이지만 개주인의 생각으로, 병원에 가지 않은 경우도 포함)

6. 출혈이 있었던 경우, 처음으로 이 정도의 공격행위가 보인 것은 언제입니까? 또 어느 상황이었습니까? 구체적으로 적어주십시오

Q7 당신의 개를 집 지키게 했을 때 문제행동을 일으킨 경우에만 답해주십시오.

● 경력에 대해 적합하다고 생각되는 항목에 체크표시를 해주십시오

	네	아니오	모른다
3개월령 이후에 기르기 시작했습니까?			
5주령 이전에 기르기 시작했습니까?			
유기견 혹은 보호소에서 받으셨습니까?			
펫숍에서 구입하셨습니까?			
주인이 바뀐 적이 있습니까? (네라고 답한 경우 횟수도 적어주십시오)	회		
동복견은 혼자뿐이었습니까?			
사람이 인공포유 했습니까?			
가족의 특정사람을 매우 따릅니까?			
문제행동은 그 사람이 부재중일 때 일어납니까?			
집안에서 그 사람의 뒤를 쫓아다닙니까?			
누군가 집에 있다면 문제행동은 일어나지 않습니까?			

● 외출 시 행동에 대해 적합하다고 생각되는 항목에 체크해주십시오

	아니오	드물게	거의	심하게
외출하기 위해 옷 갈아입는 것에 민감하게 반응합니까?				
외출하려는 사람의 다리 주변을 돌거나 물거나 합니까?				
외출 준비 중 보이는 이상한 행동이 또 있습니까?				
외출한 순간 심하게 짖습니까?				
외출 중에 개가 시무룩한 상태를 보입니까?				
외출 중에 밥을 먹지 않는 것 같습니까?				
가구나 문 등을 피손시킵니끼?				
배변장소 이외의 장소에 배설합니까?				
주인이 외출 중일 때 개가 하는 이상한 행동이 또 있습니까?				
불쌍한 얼굴로 배웅하는 경우가 있습니까?				
외출에서 돌아올 때 2분 이상 흥분이 계속되며 기뻐합니까?				

Q8 상담한 개의 문제행동에 대해 어떻게 생각하고 있습니까. 다음에서 골라주십시오.

[ ] 호기심에서 와 봤다. 문제행동은 심각하지 않다.

[ ] 이 문제행동을 어떻게 하고 싶지만, 문제는 그다지 심각하지 않다.

[ ] 이 문제행동은 심각하다. 수정하겠다고 생각하지만 만약 행동에 변화를 얻지 못하더라도 이 개를 계속 기를 것이다.

[ ] 이 문제행동은 매우 심각하다. 수정하고 싶지만 만약 행동에 변화를 얻지 못하더라도 이 개를 계속 기를 것이다.

[ ] 이 문제행동은 매우 심각하며, 수정에 따라 행동에 아무런 변화도 얻을 수 없는 경우에는 개를 다른 집에 주거나 동물 관리 센터에 보내거나, 혹은 동물병원에서 안락사를 의뢰하는 중 하나를 택할 것이다.

Q9 당신은 이 문제행동을 수정하기 위해서는 평균 얼마만큼의 시간을 할애할 수 있는지 써주십시오.

Q10 당신은 이 문제행동을 수정할 때 약을 병용하는 것을 원하십니까?

[ ] 희망한다 [ ] 희망하지 않는다

서명 ____________________

일시 ______ 년 ____ 월 ____ 일

행동치료질문표(고양이)

본원을 이용해주셔서 감사합니다. 의뢰하셨던 고양이들의 진단, 치료법의 결정을 위해 상세한 정보가 필요합니다. 이 질문 표는 합계 10페이지로 구성되어 있습니다. 주인 스스로 답하시고 당일 지참해 주시기 바랍니다. 또, 작성하는 도중 의문이 생긴 경우에는 부담 없이 전화로 문의해 주십시오.

보호자 이름 ______________________

전화 (낮) ______________ (밤) ______________

FAX ______________ E-mail ________ @ ________

고양이 이름 ______________ 품종 ______________

현재 나이 (년 개월) 기르기 시작할 때의 고양이 나이 (년 개월)

체중 (kg) 모색 ( )

성별 [ ]암 [ ]수 [ ]암(중성화 후) [ ]수(중성화 후)

● 당신의 고양이가 중성화 수술을 한 경우, 언제 수술을 하였습니까? (년 개월)

1. 수술이유를 적어주세요

____

2. 수술 후 고양이의 행동변화가 있다면 적어주세요

____

● 당신의 고양이가 발톱을 제거하는 수술을 받은 경우, 언제 수술을 하였습니까? (년 개월)

1. 수술이유를 적어주세요

____

2. 수술 후 고양이의 행동변화가 있다면 적어주세요

____

● 현재, 다른 병원에서 치료중인 병명(약물투여중이라면 약의 이름도)이 있다면 적어주세요

____

Q1 당신의 고양이의 행동상 문제에 대해 여쭙겠습니다.

- 상담하고 싶은 행동상 문제(이하 문제행동이라 부르겠습니다)에 대해서, 구체적으로 적어주십시오 (고민 중인 내용을 한 가지만, 가장 심각한 문제행동에 대해서 적어주세요)

____

- 한번 일어난 문제행동의 지속시간은 어느 정도입니까?

____

- 얼마나 자주 그 문제행동이 일어납니까? 하루에 5회, 주에 3회, 연에 4회 정도 구체적으로 적어 주십시오

____

- 처음으로 그 문제행동을 보인 것은 언제입니까?

____

- 언제부터 그 문제행동을 고쳐야겠다고 인식했습니까?

____

- 문제행동이 시작 되고나서 지금까지 보이는 빈도, 심한정도, 지속되는 시간, 문제행동의 내용 등에 대한 변화는 없습니까?

____

- 문제행동의 계기가 된다고 생각되는 것이 있다면 적어주십시오

____

- 그 문제행동을 고치기 위해, 당신이 시험해본 것이 있다면 어느 정도의 기간, 무엇을 했는지 구체적으로 적어주세요. 또 그것은 문제행동개선에 도움이 되었습니까?

____

Q2 당신의 고양이의 이력에 대해 여쭙겠습니다.

- 당신의 고양이의 부모, 동복자, 형제자매를 본 적이 있습니까?

  [ ] 있다 [ ] 없다

- 고양이를 받았을 때 무언가 문제행동을 갖고 있었다던지, 형제의 수가 몇 마리였는지를 만약 알고 있다면, 상세하게 적어주십시오

  ____

Q3 당신의 고양이의 일상생활과 생활환경에 대해 여쭙겠습니다.

- 당신의 고양이의 전형적인 하루생활에 대해 적어주세요. 몇 시에 일어나서, 어디서 지내는지 (집안에서 24시간, 밖에서 10시간과 집안에서 14시간 등) 어디서 자는지까지 구체적으로 적어주십시오. 이전에는 외출을 허가했으나 지금은 집안에서만 사육하고 있는 경우에는 그것도 적어 주십시오

  ____

- 당신의 생활환경에 대해 여쭙겠습니다

  1. 당신이 살고 있는 곳은 어떤 곳에 속합니까?

     [ ] 도심 [ ] 교외

  2. 주거타입은 어떤 곳에 속합니까?

     [ ] 단독주택 [ ] 아파트 [ ] 오피스텔

     [ ] 그 외 ( )

  3. 고양이를 기르기 시작한 후에 이사한 적이 있었습니까?

     [ ] 네 (회)

     [ ] 아니오

  4. 문제행동이 발생한 시기와, 가족이나 다른 동물의 변동(새 멤버가 늘어났다는 등)의 시기는 일치합니까?

     [ ] 네 [ ] 아니오

● 당신의 고양이와 함께 생활하고 있는 가족에 대해 여쭙겠습니다

1. 당신을 포함한 가족전부의 성별, 연령, 당신과의 관계 (아버지, 어머니, 자녀 등), 또 직업이나 학교 등으로 집을 비우는 시간(평일의 평균)을 아래에 적어주십시오.

관계	성별	연령	집을 비우는 시간
〈예〉 할아버지	남자	68	8:00~15:00

2. 당신의 고양이와 가족의 관계에 대해 적어주십시오. (할아버지를 가장 따른다, 아이의 옆에 가기 싫어한다. 등)

● 당신의 고양이와 함께 생활하고 있는 다른 동물에 대해 여쭙겠습니다

1. 현재, 함께 생활하고 있는 다른 동물종, 품종, 성별, 중성화 수술 여부, 전입시 연령, 현재 연령 등 아래에 적어주십시오.

동물종	품종	성별	중성화 수술	전입시 연령	현재 연령
〈예〉 개	잡종	수컷	함	3개월	10살

2. 당신의 고양이와, 함께 지내고 있는 다른 동물과의 관계에 대해 적어주십시오.(평상시에는 서로 무시하고 있다, 자주 함께 논다, 무서워하고 있다 등)

● 당신의 고양이에게 급여하고 있는 먹이나 간식에 대해 여쭙겠습니다

1. 주로 어떤 종류의 먹이를 주고 있습니까? 사료의 경우 사료의 이름, 드라이캔 등, 수제의 경우는 재료 등을 적어주십시오.

____

2. 하루에 어느 정도 먹습니까?

____

3. 밥을 남기는 경우가 있습니까?

[ ] 네 [ ] 아니오

[네]라고 답하신 분에게 여쭙겠습니다. 남긴 밥을 어떻게 하십니까?

[ ] 놔둔다 [ ] 정리한다

[ ] 그 외 ( )

4. 그 외에도 고양이를 기르는 경우, 같은 밥그릇에 함께 먹게 합니까?

[ ] 네 [ ] 아니오

Q4 당신의 고양이의 행동에 대해 여쭙겠습니다.

- 다른 고양이에 대해, 당신의 고양이는 다음과 같은 상황에 어떻게 반응합니까? 구체적으로 적어주십시오

  1. 집안(창문)에서 밖을 볼 때 다른 고양이가 창문 옆을 지나갈 때

  ____

  2. 밖에 있을 때 다른 고양이를 발견했을 때

  ____

- 집에 손님이 있을 때, 손님에 대해 당신의 고양이는 어떻게 반응합니까?

  [ ] 숨는다 [ ] 멀리서 보고 있다

  [ ] 만져주길 바라며 기대어온다 [ ] 공격적이 된다

  [ ] 그 외 ( )

- 동물병원에서 검사나 치료를 받을 때 당신의 고양이는 어떻게 행동합니까?

  ____

- 당신의 고양이가 집을 지키고 있을 때, 주로 있다고 생각되는 장소를 적어주십시오

  ____

- 가족이 돌아왔을 때 당신의 고양이는 기뻐합니까?

  [ ] 네 [ ] 아니오

- 당신의 고양이가 울 때에는 어떨 때입니까? 식사전후, 밖으로 나가고 싶을 때 등 구체적으로 적어주십시오

  ____

- 당신의 고양이가 히스테리를 일으키거나 가르릉 댈 때가 있습니까?

  [　　] 네　　　　　　[　　] 아니오

  [있다]라고 대답하신 분께 여쭙겠습니다. 그것은 어떤 때입니까?

  ____

- 당신의 고양이의 성격은 다음 중 어느 쪽이라고 생각하십니까? 적합하다고 생각하는 곳 모두에 체크해 주세요

  [　　] 과하게 활발　　[　　] 겁쟁이　　[　　] 신경증

  [　　] 내성적　　[　　] 고독을 좋아함　　[　　] 상냥함

  [　　] 어리광쟁이　　[　　] 전투적　　[　　] 조용함

- 당신의 고양이는 가족과 하루 중 얼마나 같이 놉니까?

  ____

- 당신의 고양이가 자주 갖고 노는 장난감, 좋아하는 놀이를 구체적으로 적어주세요

  ____

- 당신의 고양이의 그루밍(털을 깨끗이 하는 일)에 대해 여쭙겠습니다

  1. 당신의 고양이는 어느 정도의 빈도로 그루밍을 합니까?

     [　　] 과도하게　　[　　] 보통　　[　　] 별로 하지 않는다

  2. 그 외에도 고양이를 기르고 있는 경우, 서로 그루밍을 해 줍니까?

     [　　] 네　　[　　] 아니오

- 당신의 고양이는 어디에서 발톱 갈기를 합니까?

  [　　] 여기저기에서　　[　　] 정해진 장소에서　　[　　] 별로 하지 않는다

- 지금까지 요로의 감염증(방광염, 요석증 등)에 걸린 적이 있습니까?

  [　　] 있다　　[　　] 없다

  [있다]라고 대답하신 분께 여쭙겠습니다. 시기, 치료기간을 적어주십시오

- 당신의 고양이는 사냥을 합니까?

  [　　] 네　　[　　] 아니오

  [네]라고 대답하신 분께 여쭙겠습니다. 잡은 사냥감을 먹습니까?

  [　　] 네　　[　　] 아니오

Q5 당신의 고양이의 문제행동이 부적절한 장소에 배뇨(스프레이 행동 포함), 배변일 경우에만 답해주십시오

- 고양이의 화장실은 어디에 놓아두었는지, 구체적으로 적어주십시오

- 당신의 고양이는 1일 평균 몇 회 정도 이 화장실을 사용하고 있습니까?

  배변 (　　회)　　배뇨(　　회)

- 화장실 사이즈와 개수를 적어주십시오. 그리고 지붕의 유무도 적어주십시오

  [　　] 대형 (　　개)　　[　　] 소형 (　　개)

  [　　] 지붕 있음 (　　개)　　[　　] 지붕 없음 (　　개)

- 화장실의 모래는 무엇을 사용하고 있습니까? 아래에서 골라주십시오. 또 구입하고 있는 경우에는 상품명도 적어주십시오

  [　　] 굳는 모래　　[　　] 굳지 않는 모래　　[　　] 물에 녹는 종이

  [　　] 태우는 종이　　[　　] 편백나무　　[　　] 실리카겔

  [　　] 신문지　　[　　] 그 외

  상품명 (　　　　　　)

- 지금까지 다른 형태의 모래를 사용한 적이 있습니까?

  [　　] 있다　　[　　] 없다

  [있다]라고 대답하신 분께 여쭙겠습니다. 그 이후 당신의 고양이의 행동의 변화를 발견하셨습니까?

  ____

- 당신의 고양이는 화장실 이외에 배설하기 좋아하는 장소가 있습니까? 부엌, 현관, 거실 등 지금까지 당신이 발견한 장소를 모두 써주세요. 또, 카펫이나 매트 등 마음에 들어 하는 소재가 있는 경우 모두 써주십시오

  ____

- 당신의 고양이가 배뇨, 배변을 하고 있을 때 울부짖거나, 장기간 힘을 주고 있다고 느낀 적이 있습니까?

  [   ] 네   [   ] 아니오

- 화장실에 피가 묻어있는 것을 보신 적이 있습니까?

  [   ] 네   [   ] 아니오

- 당신의 고양이는 밖에서도 배변이나 배뇨를 합니까?

  [   ] 네   [   ] 아니오

- 최근 당신의 고양이는 요검사를 받은 적이 있습니까?

  [   ] 네   [   ] 아니오

  [네]라고 대답하신 분께 여쭙겠습니다. 진료일과 검사결과를 구체적으로 적어주십시오

  ____

- 화장실은 어느 정도의 빈도로 청소합니까? 또 어느 정도의 빈도로 모래를 전부 갈아줍니까?

  ____

- 당신의 고양이가 대소변을 지렸을 경우, 어떻게 청소를 하고 있습니까?

  ____

Q6 상담한 당신의 고양이의 문제행동에 대해 어떻게 생각하고 있습니까. 다음에서 골라 주십시오.

[ ] 호기심에 와 봤다. 문제행동은 심각하지 않다.

[ ] 이 문제행동을 어떻게 하고 싶지만, 문제는 그다지 심각하지 않다.

[ ] 이 문제행동은 심각하다. 수정하겠다고 생각하지만 만약 행동에 변화를 얻지 못하더라도 이 고양이를 계속 기를 것이다.

[ ] 이 문제행동은 매우 심각하다. 수정하고 싶지만 만약 행동에 변화를 얻지 못하더라도 이 고양이를 계속 기를 것이다.

[ ] 이 문제행동은 매우 심각하며, 수정에 따라 행동에 아무런 변화도 얻을 수 없는 경우는 고양이를 다른 집에 주거나 동물 관리 센터에 보내거나, 혹은 동물병원에서 안락사를 의뢰하는 중 하나를 택할 것이다.

Q7 당신은 이 문제행동을 수정하기 위해서는 평균 얼마만큼의 시간을 할애할 수 있는지 써주십시오.

____

Q8 당신은 이 문제행동을 수정할 때 약을 병용하는 것을 원하십니까?

[ ] 희망한다 [ ] 희망하지 않는다

서명______________________

일시________ 년 ____ 월 ____ 일

참고도서

1. Beaver B.V. Canine Behavior: A Guide for Veterinarians. (1999) Saunders Company.
2. Beaver B.Y. Feline Behavior: A Guide for Veterinarians. (1992) Saunders Company.
3. Campbell W.E. Dog Behavior Problems:The Counselor's Handbook. (1999) BehavioRx Systems.
4. Case L.P. The Dog. It's Behavior, Nutrition & Health. (1999) Iowa State University Press.
5. Chance P. Learning and Behavior. (1999) Brooks/Cole Publishing Company.
6. Crowell-Davis S.L. and Murray T. Veterinary Psychopharmacology. (2006) Blackwell Publishing Professional.
7. Dodman N.H. and Shuster L.S. Psychopharmacology of Animal Behavior Disorders. (1998) Blackwell Science.
8. Donaldson J. Dogs are from Neptune. (1998) Lasar Multimedia Productions Inc.
9. Hand M.S., Thatcher C.D., Remillard R.L. and Roudebush P. Small Animal Clinical Nutrition. 4th Ed. (2000) Walsworth Publishing Company.
10. Hetts S. Pet Behavior Protocols. (1999) AAHA Press.
11. Houpt K.A. Domestic Animal Behavior for Veterinarians and Animal Scientists. 3rd Ed. (1998) Iowa State Univeristy Press.
12. Houpt K.A. and Virga V. The Veterinary Clinics of North America Small Animal Practice update on clinical Veterinary Medicine, (2003) W.B. Sanders Company.
13. Horwitz D, Mills D. and Heath S. BSAVA Manual of Canine and Feline Behavioural Medicine. (2002) BSAVA.
14. lindsay S,R. Handbook of Applied Dog Behavior and Training. (2000) Iowa State University Press.
15. Overall K.L. Clinical Behavioral Medicine for small animals. (1997) Mosby
16. Serpell J. The Domestic Dog. Its evolution, behavior and interaction with people. (1995) Cambridge University Press.

17. Turner D.C. and Bateson P. The Domestic Cat. The biology of its behaviour. 2nd Ed. (2000) Cambridge University Press.
18. 岩本隆茂·坂野雄二·大野裕共編 認知行動治療の理論と實際 (1997) 培風館.
19. 內田佳子·柿沼美紀監譯 問題行動のおける藥物療法 –コンパニオンアニマルのための– (2002) 學窓社.
20. 小久江榮一監譯 獸医精神藥理學 (2007) ファームプレス.
21. 子安增生·二宮克美監譯 發達心理學 改訂版 (2004) 新曜社.
22. 工亞紀譯 犬と猫の行動學マニュアル –問題行動の診斷と治療– (2007) 學窓社.
23. 武內ゆかり監譯 臨床獸医行動學の最新情報 獸医臨床シリーズ 2004年版 (2004) 學窓社.
24. 武內ゆかり·森裕司 臨床獸医師のためのイヌとネコの問題行動治療マニュアル (2002) ファームプレス.
25. 森裕司監修 犬 その進化、行動、人との關係 (1999) チクサン出版.
26. 森裕司監修 ドメスティックキャット その行動の生物學 (2006) チクサン出版.
27. 森裕司監譯 臨床獸医師のための猫の行動學 (1997) 文永堂出版.

감사의 글

이 책은 전남대학교 학술도서출판지원사업에 의해 출판되었으며, 전남대학교 동물의학연구소의 도움이 있었다. 우리말 번역출판을 흔쾌히 허락해주신 원저자인 미나미 요시코(낙농학원대학), 키쿠수이 타케후미(아자부대학) 교수님과 국내 판권 및 출판에 많은 도움을 주신 일본 출판사 학창사(學窓社) 야마구치 사장과 전남대학교출판부 송미숙 과장께 감사드린다.

색인

ㅅ

ㅎ

기타

개와 고양이의 행동학

기초에서 임상까지

인쇄 | 2015년 1월 20일
발행 | 2015년 1월 26일

저자 | 미나미 요시코·키쿠수이 타케후미
본문 일러스트 | 모리 유지
역자 | 문창종·강소희·김성호·김승준·신태균
발행인 | 지병문
발행처 | 전남대학교출판부

등록 | 1981. 5. 21. 제53호
주소 | 500-757 광주광역시 북구 용봉로 77
전화 | (062) 530-0571 ~ 2 **마케팅** 530-0573
팩스 | (062) 530-0579
홈페이지 | http://www.cnup.co.kr
이메일 | cnup0571@hanmail.net

값 20,000원

ISBN 978-89-6849-177-1 (93490)

이 도서의 국립중앙도서관 출판예정도서목록(CIP)은 서지정보유통지원시스템 홈페이지(http://seoji.nl.go.kr)와 국가자료공동목록시스템(http://www.nl.go.kr/kolisnet)에서 이용하실 수 있습니다.
(CIP제어번호 : CIP2015005636)